67のトラブル事例で学ぶ

# EMCと
# ノイズ
# 対策

辻 正敏 著

森北出版

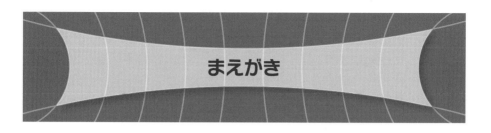

# まえがき

## ノイズ対策の現状と問題点

　電子機器を設計する際，マイコンやデジタル回路のパルスノイズがアナログ回路に混入して問題となるケースがよくみられます．また，市場に出荷する電子機器にはEMC規格が法令で定められており，機器から放射するノイズ量や外部よりノイズを受けた際の耐久性は規定されています．設計者は，その基準値を超えないように機器をつくらなければなりません．近年のデジタル回路のクロック周波数や扱う信号の周波数は年々高くなりつつあるため，ノイズの影響はますます深刻になり，これらの問題は多くのエンジニアを悩ませています．

　ノイズ発生のしくみとその対策を行うには，電磁気学，アンテナ工学，高周波回路の知識が必要ですが，どれも難しく，一般のエンジニアにとっては厄介なものばかりです．EMC対策を試行錯誤で行う人をみかけますが，時間がかかるばかりか，その効果は十分とはいえません．ノイズが発生する原因はさまざまであり，さらに複数の要因がからみあっている場合もあり，やみくもに対策してもうまくいきません．効率よくEMC対策をするには，ノイズが発生するしくみとその対策方法をよく理解しておくことが大切です．

## 本書の特徴と活用方法

　本書は，現場でよく起こるEMC問題の事例を取り上げ，それを通してノイズが発生するしくみと対策方法をわかりやすく解説しています．多くの人に読んでもらえるように，なるべく難しい数式は使用せずに，イラストを多く使ってわかりにくいノイズのふるまいをイメージできるようにしました．

　本書は，2つの活用方法があります．1つは，ノイズ対策の技術を学ぶための解説書としての使用です．はじめから順番に読んでいくことで，ノイズの発生や受信のしくみ，そしてその対策方法が無理なく学べるように構成されています．本書は，以下の構成となっています．

- 基礎編（1〜4章）：本書を読み進めるために必要な基礎知識をまとめています．すでに理解している人は，読み飛ばしてもらってもかまいません．
- トラブル事例・対策編（5〜12章）：ノイズ対策の内容を事例を挙げて解説しています．基礎的なものからはじまり，後半では，より難易度の高い実用的な事例を解説しています．
- 付録：より詳しい技術内容や，EMC 測定方法，EMC 規格などについて説明しています．本書の内容をより詳しく知りたい人や EMC 試験を受ける人向けに用意しました．

　もう 1 つは，ノイズ対策マニュアルとしての使用です．設計者が EMC 問題に直面して対策を急ぐとき，とりあえず対策方法が知りたいものです．そのような人のために，EMC 対策フローチャートとトラブル事例一覧を用意しました．ノイズ対策フローチャートには，EMC 問題が起こっている箇所を特定する手順を示しています．トラブル事例一覧は,現在直面している EMC 問題と同様の事例を探すことで，対策方法がすぐに調べられるようにしてあります．

　私はこれまでに多くの製品を開発してきましたが，ほとんどの製品開発においてノイズ問題で悩みました．おそらく多くのエンジニアの方がノイズ問題で悩んでいると考え，本書を執筆しました．本書が，ノイズ問題で困っているエンジニアの方に少しでもお役に立てれば幸いです．

　本書の制作にあたり，香川高等専門学校の森本敏文名誉教授より貴重なご意見を多数いただきました．また，編集においては森北出版の二宮 惇氏，藤原祐介氏より多くのアドバイスをいただきましたことをお礼申し上げます．

2023 年 2 月

著者

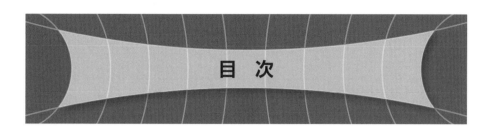

# 目　次

## ● 基 礎 編 ●

## 4　フィルタの基礎　　　　　　　　　　　　　36

# ● トラブル事例・対策編 ●

## 5　ケーブルや基板上の配線　　　　　　　　　54

## 6　空間伝導　　　　　　　　　　　　　　　　61

## ● 付 録 ●

# EMC 対策フローチャート

　ノイズ対策では，はじめにノイズの発生源をみつける必要があります．ノイズ源をみつけるには問題となっていそうな箇所をすべて取り除き，いったんノイズが出ない状態にします．その後，取り除いた箇所を戻していき，ノイズの原因となる箇所をみつけます．対策方法には，筐体上で対策する方法と基板上で行う方法があります．筐体が金属の場合は，はじめに筐体上で対策すると簡単に解決できる可能性があります．エミッション対策も，イミュニティ対策も同様に行うことができます．

## 筐体上で行う対策

　以下に筐体上で行う対策の一連の手順をフローチャートを使って紹介します．[　]は，p.xi以降のトラブル事例一覧に対応しています．

① 電源以外のすべてのケーブルをはずします．ノイズレベルが小さくなれば，ノイズの原因は，外したケーブルによるものです．

② はずしたケーブルを順に接続し直していき，問題となる箇所を特定します．対策方法は，ケーブルの種類の変更[A]や，ケーブルのシールドの強化[C]，グラウンドパターンの変更[D]，フィルタの挿入[B, M, N]をします．

③ ケーブルを外してもノイズが減少しない場合は，筐体全部をシールドします．筐体の穴や隙間を導電テープでふさぐか，筐体全部を金属で囲います．ノイズレベルが小さくなれば，ノイズは筐体からの漏れによるものです．

④ シールドした部分を取り除いていき，ノイズが漏れている箇所を探します．問題となる箇所を特定したら，穴対策[K, R]を行います．

⑤ ケーブルを取り除き，筐体を完全にシールドしても電磁波が漏れる場合は，電源ラインの可能性が高いです．電源ケーブルを外して内部電源（電池）で動作させることができるのであれば試します．これによりノイズが減少すれば，電源ケーブルがノイズ源です．電源ラインにラインフィルタを挿入して対策します[N]．

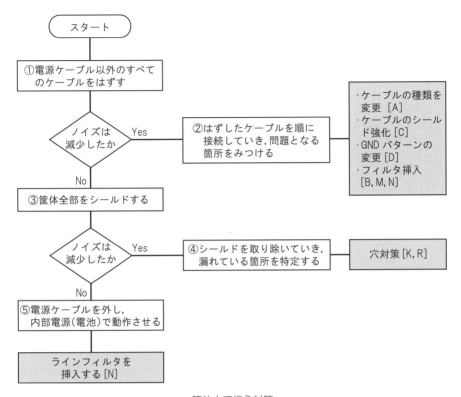

筐体上で行う対策

## 基板上で行う対策

　機構の制約により穴がふさげない場合や，金属筐体が使えない場合は，基板上で
EMC 対策をします．基板上で対策する場合は，なるべくノイズの発生源付近で対
策します．ノイズが線路や空間を伝わって広がってしまうと，多くの箇所で対策し
なければならなくなります．ノイズ源を特定し，シールドケースやフィルタにより
ノイズをノイズ源付近に閉じ込めます．以下に基板上で行う対策の手順をフロー
チャートを使って紹介します．

　① すべてのモジュール，または回路の電源を切ったあとに，順にモジュール
　　の電源を入れていき，ノイズ発生源となるモジュールや回路を特定します．
　② 特定されたモジュールや回路の入出力端子に接続された配線をすべて切り
　　離し，ノイズ量が軽減されるか確認します．軽減されれば，端子に接続さ
　　れた配線が，ノイズの伝達線路またはアンテナとなっていることがわかり

ます.

③ 切り離された配線を順につなぎ直していき，問題となる線路を特定します．
配線パターンの変更[E, F, G, H]やフィルタの挿入[M]，部品のレイアウト
変更[Q]をして対策します．

④ 入出力端子の配線を外してもノイズが減衰しない場合は，ノイズは空間を
伝わって広がっています．問題となるモジュールや回路をシールドで囲い
ます[J, K, L]．

⑤ シールドしてもノイズ量が減衰しない場合は，回路やモジュールの電源ラ
インやグラウンドによるノイズの伝達が考えられます．対策として，電源
にフィルタを挿入[P]またはグラウンドパターンを変更[O]します．

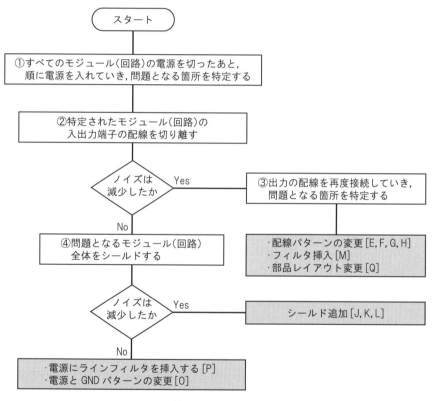

基板上で行う対策

# トラブル事例一覧

| 問題箇所 | トラブル事例内容 | | 事例 | 原因 | 対策方法 |
|---|---|---|---|---|---|
| ケーブル | 信号ケーブルを接続するとノイズが発生する．または，ノイズを受信する． | A | 2 14 | 平行ケーブルがアンテナとなる．<br><br>平行ケーブル | シールドケーブルを使う．ツイストペアケーブルを使う．ケーブルを短くする．<br><br>シールドケーブル<br>ツイストペアケーブル |
| | | | 4 | 単線ケーブルがモノポールアンテナとなる．<br><br>ケーブル　$R_L$ 大 | シールドケーブルを使う．ツイストペアケーブルを使う．ケーブルを短くする．<br><br>ツイストペアケーブル　$R_L$ 大 |
| | | | 6 | 単線ケーブルがループアンテナとなる．<br><br>$R_L$ 小　$i$<br>電流ループ面積大 | ケーブルを短くする．シールドケーブルを使う．ツイストペアケーブルを使う．<br><br>$i$　$R_L$ 小<br>電流ループ面積小 |

| 問題箇所 | トラブル事例内容 | 事例 | 原因 | 対策方法 |
|---|---|---|---|---|
| ケーブル（つづき） | A（つづき） 信号ケーブルを接続するとノイズが発生する．または，ノイズを受信する．（つづき） | 45 | 信号端子とグラウンド端子が離れている． | グラウンド端子を増やす．<br>ツイストリボンケーブルを使う．<br>シールドケーブルを使う． |
| | | 18 46 | 平行ケーブルやフラットケーブルがアンテナとなる． | フェライトビーズやフィルタを入れる．<br>コネクタ部への配線をブリッジでつなげる．<br>EMI フィルタを使う． |
| | B ケーブルを接続すると外部ノイズの影響を受ける． | 64 | コモンモードノイズが基板上でノーマルモードノイズに変換される． | コモンモードチョークコイルやトランスを挿入する．<br>フォトカプラを挿入する．<br>差動入力アンプを使う．<br>シールドケーブルを使う． |

| 問題箇所 | トラブル事例内容 | 事例 | 原因 | 対策方法 |
|---|---|---|---|---|
| ケーブル（つづき） | C | 15 47 | シールドケーブルを使ってもノイズが発生する．または，ノイズの影響を受ける． | シールドケーブルと筐体の接続が適切でない． | シールドケーブルは，シールドケースや筐体と隙間なく接続する．コネクタを使用する． |
|  |  | 48 |  | シールドケーブルのシールド部の接地が適切でない． | シールドケーブルのシールド部は，両端を回路に接続する． |
|  | D | 31 35 | グラウンドケーブルや電源ケーブルを接続するとノイズが発生する．または，ノイズの影響を受ける． | 電源パターンとグラウンドパターンが細い． | 電源パターンとグラウンドパターンを太くする．デカップリングコンデンサを挿入する． |
|  |  | 38 39 |  | グラウンドに流れるノイズ電流がケーブルに流れ込む． | コネクタ部でグラウンドにスリットを入れてグラウンドの分離をする（クリーンなグラウンドにする）．スリットにシールド板を入れる． |

| 問題箇所 | トラブル事例内容 | | 事例 | 原因 | 対策方法 |
|---|---|---|---|---|---|
| 基板上の配線 | E | 回路を動作させると基板上の配線からノイズが発生する．または，ノイズを受ける． | 17 18 | 基板上の信号線（配線）がアンテナとなる．<br><br>高調波が放射する<br>信号源<br>配線 | 信号線（配線）にフィルタを挿入する．<br><br>信号源<br>配線<br>フィルタ |
| | | | 1 53 54 | 基板上の信号線とリターン線がダイポールアンテナとなる．<br><br>信号源<br>信号線<br>$R_L$ 大<br>受信回路<br>リターン線 | 基板上の配線を短くする．<br>信号線とリターン線を近づける．<br>信号線の下または基板全面をグランドプレーンにする．<br><br>グランドプレーン |
| | | | 3 | 基板上の信号線がモノポールアンテナになる．<br><br>信号源<br>信号線<br>受信回路<br>$R_L$ 大<br>グランドプレーン | 基板上の配線を短くする．<br>信号線の下または基板全面をグランドプレーンにする．<br>信号線にフィルタを挿入する．<br><br>信号源<br>$R_L$ 大　受信回路<br>グランドプレーン |

| 問題箇所 | | トラブル事例内容 | 事例 | 原因 | 対策方法 |
|---|---|---|---|---|---|
| 基板上の配線（つづき） | E（つづき） | 回路を動作させると基板上の配線からノイズが発生する．または，ノイズを受ける．（つづき） | 5 | 基板の配線がループアンテナとなる．<br><br>信号源<br>電流ループ面積が大きい<br>周波数が高いとき電流が流れる | 配線を短くする．<br>信号線とリターン線を近づける．<br>信号線の下または基板全面をグランドプレーンにする．<br>信号線にフィルタを挿入する．<br><br>受信回路<br>グランドプレーン |
| | F | グラウンド線を接続するとノイズが発生する．または，ノイズを受ける． | 34 | グラウンド線が細い．<br><br>信号源　信号線　受信回路<br>GND | グラウンドを太くする．<br>グランドプレーンにする．<br><br>信号源　信号線　受信回路<br>GND |
| | | | 37 | シグナルグラウンドとフレームグラウンドの接続場所が悪い．<br><br>GND<br>ケーブル　シャーシ<br>コネクタ　PCB<br>シグナルGND　フレームGND | シグナルグラウンドとフレームグラウンドは，コネクタ部分で接続する．<br><br>GND<br>ケーブル　シャーシ<br>コネクタ　PCB<br>シグナルGND　フレームGND |
| | G | 配線をマイクロストリップラインにしくても効果が出ない．<br><br>グランドプレーンにしても効果が出ない． | 42 43 | マイクロストリップラインがスロットやスリット上を通る．<br><br>マイクロストリップライン　スロット | マイクロストリップラインの下は，切れ目のないグランドプレーンにする．<br><br>マイクロストリップライン |

| 問題箇所 | トラブル事例内容 | 事例 | 原因 | 対策方法 |
|---|---|---|---|---|
| 基板上の配線（つづき） | G（つづき）<br>配線をマイクロストリップラインにしても効果が出ない.<br>グランドプレーンにしても効果が出ない.（つづき） | 44 | グラウンド配線が信号線から離れた場所で接続されている.<br><br>デジタル GND　アナログ GND<br>ノイズ<br>$i$<br>電流ループ面積大　電源　－＋ | グラウンドパターンは，信号線の下や近くに配置する.<br><br>デジタル GND　アナログ GND<br>ブリッジ<br>$i$<br>電源　－＋ |
| | | 61 | グラウンドビアの配置場所がシグナルビアから離れている.<br><br>GND ビア<br>GND1<br>GND2<br>シグナルビア　信号線 | グラウンドビアをシグナルビアの付近に配置する.<br><br>GND ビア<br>GND1<br>GND2<br>シグナルビア　信号線 |
| | H<br>入出力端子にケーブルや線路を接続すると，特定の周波数のノイズが強く放射される.または，ノイズを受信する. | 28 | 線路と周辺回路でLC共振が起こる.<br><br>ケーブル<br>信号源　OUT　信号の配線　受信回路<br>GND　GND | 信号線にフェライトビーズを入れる.<br><br>抵抗もしくはフェライトビーズ　フィルタもしくはフェライトビーズ<br>信号源　受信回路<br>GND　GND |
| | | 29 | 線路と周辺回路でLC共振が起こり，ループアンテナが構成される.<br><br>信号源　信号線　受信回路<br>GND　離れている　GND<br>リターン線 | 信号線にフェライトビーズを入れる.<br>グランドプレーンにする.<br><br>抵抗もしくはフェライトビーズ<br>信号源　信号線　受信回路<br>GND　GND<br>リターン線 |

| 問題箇所 | トラブル事例内容 | | 事例 | 原因 | 対策方法 |
|---|---|---|---|---|---|
| 基板上の配線（つづき） | H（つづき） | 入出力端子にケーブルや線路を接続すると特定の周波数のノイズが強く放射される．または，ノイズを受信する．（つづき） | 30 | 線路上で反射波による共振が起こる．<br><br>信号源 IC　受信用 IC<br>GND　λ/4　GND | 信号線に抵抗を入れる．<br>線路を短くする．<br><br>$R = Z_0$<br>GND　特性インピーダンス $Z_0$　GND |
| | I | ほかの回路から発生したノイズを受信する． | 8 | ノイズ源と受信回路の配線や部品が近い，または長い平行線により結合する．<br><br>信号源<br>ノイズ電流 $i$<br>線路　線路　受信回路 | シールド板を線路間に入れる．<br><br>電界が金属板でせき止められる　シールド板<br>グランドプレーン |
| シールド | J | シールド板を取り付けてもノイズを遮断できない． | 9 | シールド板とグラウンドの隙間からノイズ電流が回り込む．<br><br>誘導電流　シールド板<br>再放射<br>線路　線路<br>基板グランドプレーン<br>隙間より漏れる | シールド板をグランドプレーンに隙間なく接続する．<br>シールド板とグランドプレーンをビアで接続する．<br><br>シールド板<br>線路　線路<br>はんだ付け　グランドプレーン |

| 問題箇所 | トラブル事例内容 | | 事例 | 原因 | 対策方法 |
|---|---|---|---|---|---|
| シールド（つづき） | J（つづき） | シールド板を取り付けてもノイズを遮断できない.（つづき） | 10 | シールド板の端からノイズ電流が回り込み，再放射する.<br><br>シールド板　誘導電流<br>線路　　　線路<br>グランドプレーン | シールドボックスで回路全体を囲う.<br><br>シールドケース<br>信号源　　受信回路 |
| | K | シールドケースで囲ってもノイズを遮断できない. | 11 | シールドケースに大きな穴が開いている. 金属線が貫通している.<br><br>シールドケース<br>穴<br>信号源<br>配線 | 穴をふさぐ.<br>穴を小さくする.<br>貫通する線には貫通コンデンサを挿入する.<br><br>シールドケース<br>穴を導体でふさぐ<br>穴を小さくする<br>信号源<br>フィルタ |
| | | | 12 | シールドケースとグランドの隙間からノイズ電流が回り込む.<br><br>シールドケース　誘導電流<br>GND | シールドケースをグランドに隙間なく接続する.<br><br>シールドケース　はんだ<br>取り付けパターン<br>はんだ　足　ビア |
| | L | シールドケースをかぶせるとノイズを受けやすくなる. | 13 | 電磁ノイズがシールドケースに反射してクロストークが発生する.<br>空洞共振が起こる.<br><br>シールドケース<br>線路　　　線路<br>グランドプレーン | シールドケースにシールド板を入れる.<br>電波吸収シートをシールドケースに貼る.<br><br>シールドケース<br>はんだ付け<br>シールド板<br>線路　　　線路<br>はんだ付け　グランドプレーン |

| 問題箇所 | トラブル事例内容 | | 事例 | 原因 | 対策方法 |
|---|---|---|---|---|---|
| フィルタ | M | フィルタを挿入してもノイズが減衰しない.または,ノイズを受信する. | 19 | フィルタのカットオフ周波数が高すぎて高調波が放射される. | フィルタのカットオフ周波数をパルス波の周波数の3倍程度に設定する. |
| | | | 21 | コンデンサが高い周波数でコイルとして動作する. | フィルタにはセラミックチップコンデンサを使う. |
| | | | 22 | コイルが高い周波数でコンデンサとして動作する. | フィルタには高周波用のコイルを使う. |
| | | | 23 56 | 取り付けパターンがインダクタンスとして動作する. | 取り付けパターンを短くする.ビアの数を増やす部品を配置する層とグランドプレーン間を短くする. |

| 問題箇所 | トラブル事例内容 | | 事例 | 原因 | 対策方法 |
|---|---|---|---|---|---|
| フィルタ（つづき） | M（つづき） | フィルタを挿入してもノイズが減衰しない．または，ノイズを受信する．（つづき） | 24 | フィルタの入出力配線が浮遊容量によって結合する．<br><br>浮遊容量 IN OUT フィルタ ノイズ $R_L$ 信号の流れ | フィルタの入出力線を離して配線する．<br><br>離して配線 フィルタ $R_L$ |
| | | | 25 | フィルタの入出力端子につながる線路が長い．<br>フィルタの挿入場所が適切でない．<br><br>送信アンテナ 受信アンテナ フィルタ 長い線路 長い線路 $R_L$ | 入端子と出力端子付近の両方にフィルタを入れる．<br>線路を短くする．<br><br>エミッション対策用 フィルタ フィルタ イミュニティ対策用 $R_L$ |
| | | | 26 | フィルタ付近に金属がある．<br>フィルタの入出力線が結合する．<br>ノイズがシールドケースで反射する．<br><br>浮遊容量 シールドケース フィルタ 浮遊容量 $R_L$ 高い周波数のノイズ電流 | フィルタの入出力をシールドケースで分離する．<br><br>シールドケース フィルタ 浮遊容量 $R_L$ |
| | | | 27 | フィルタがシールドケースの穴付近に配置されていない．<br><br>エミッション側 イミュニティ側 外来ノイズ フィルタ フィルタ ノイズ源 放射ノイズ $R_L$ | シールドケースの穴の付近にフィルタを配置する．<br>シールド線を使って電磁波の漏れがないようにする．<br><br>エミッション側 イミュニティ側 外来ノイズ フィルタ フィルタ $R_L$ 外来ノイズはフィルタで遮断 |

| 問題箇所 | トラブル事例内容 | 事例 | 原因 | 対策方法 |
|---|---|---|---|---|
| フィルタ（つづき） | M（つづき） | 62 63 | フィルタを挿入してもノイズが減衰しない．または，ノイズを受信する．（つづき）<br>ケーブルにコモンモード電流が流れる．<br> | コモンモードチョークコイルを入れる．<br>フェライトビーズを入れる．<br>コイルやフェライトビーズを使用<br> |
| | | 20 | フィルタを挿入すると回路が動作しなくなる．<br>フィルタのカットオフ周波数 $f_c$ がパルス波の周波数 $f_0$ と近いため，パルス波がなまる．<br> | フィルタのカットオフ周波数 $f_c$ をパルス波の周波数 $f_0$ の3倍付近に設定する．<br> |
| | | 63 | 伝達したい信号の周波数がコモンモードノイズの周波数と重なっているため，ノイズを減衰させると信号も減衰してしまう．<br> | コモンモードチョークコイルやトランスを挿入する．<br>フォトカプラを挿入する．<br>ノーマルモード電流は流れるが，コモンモード電流は流れない<br> |
| | N | 65 | 電源ラインからノイズが侵入する．<br>電源ラインを伝わってノイズが機器に入る．<br> | 機器と電源ケーブルの間にラインフィルタを入れる．<br> |

| 問題箇所 | | トラブル事例内容 | 事例 | 原因 | 対策方法 |
|---|---|---|---|---|---|
| フィルタ（つづき） | N（つづき） | 電子機器から電源ラインにノイズが出る. | 66 | 機器で発生したノイズが電源ラインを伝わって出る.<br> | 機器と電源コードの間にラインフィルタを入れる.<br> |
| | | ラインフィルタを挿入してもノイズが落ちない. | 67 | ラインフィルタの取り付け箇所がコードの出口から離れている.<br>フィルタのグラウンド線が長い.<br> | ラインフィルタを筐体の端に接触させて取り付ける.<br>グラウンド線を極力短くする.<br> |
| 電源ライン | O | ノイズが電源ラインを通ってほかの回路に入り込む. | 31 | 電源ラインからノイズが伝わる.<br> | デカップリングコンデンサを電源ラインとグラウンドの間に挿入する.<br> |
| | | | 36 | 電源パターンとグラウンドパターンを細い1本の線で共用しているため, 共通インピーダンスノイズが発生する.<br> | 回路ごとに電源パターンとグラウンドパターンを分ける.<br>電源パターンとグラウンドパターンを太くする.<br> |

| 問題箇所 | トラブル事例内容 | 事例 | 原因 | 対策方法 |
|---|---|---|---|---|
| 電源ライン（つづき） | P | 電源ラインのノイズがデカップリングコンデンサを挿入しても落ちない. | 32 | 高い周波数のノイズがデカップリングコンデンサを通らず，減衰しない.<br><br>高い周波数のノイズ／電源ライン／回路1／$0.1\mu\mathrm{F}$ $C_1$／回路2／ノイズ電流／デカップリングコンデンサ／GND | 容量の異なるデカップリングコンデンサを並列に並べる.<br><br>高い周波数のノイズ／電源ライン／回路1／$C_1$ $C_2$／回路2／ノイズ電流／$0.1\mu\mathrm{F}$ $0.01\mu\mathrm{F}$／GND |
| | | | 33 | 反共振によりコンデンサのインピーダンスが特定の周波数で高くなる.<br><br>特定の周波数のノイズ／電源ライン／回路1／$C_1$ $C_2$／回路2／ノイズ電流／$0.1\mu\mathrm{F}$ $0.01\mu\mathrm{F}$／GND | デカップリングコンデンサに抵抗を直列に挿入する.<br>反共振対策用のコンデンサを使う.<br>同じ容量のコンデンサを複数並べる.<br><br>$0.1\mu\mathrm{F}$ $0.01\mu\mathrm{F}$／電源ライン／回路1／$C_1$ $C_2$／回路2／ノイズ電流／$0.5\,\Omega$／GND |
| | | | 60 | デカップリングコンデンサを挿入することで電源プレーンとグランドプレーンで共振が起こる.<br><br>$C_1$ 通常のコンデンサ／グランドプレーン／ビア／電源プレーン／ビア／静電容量 | デカップリングコンデンサに抵抗を直列に挿入する.<br>反共振対策用のコンデンサを使う.<br><br>$C_1$ 反共振対策用コンデンサ／グランドプレーン／ビア／電源プレーン／ビア／静電容量 |
| 部品・レイアウト | Q | ほかの回路から発生するノイズを受信する. | 8 | ノイズ源と受信回路の配線や部品が近い.<br><br>信号源／ノイズ電流／受信回路／近い | 配線間隔や部品間隔を離す.<br>配線を短くする.<br><br>信号源／受信回路／遠い |

| 問題箇所 | トラブル事例内容 | | 事例 | 原因 | 対策方法 |
|---|---|---|---|---|---|
| 部品・レイアウト（つづき） | Q（つづき） | ほかの回路から発生するノイズを受信する。（つづき） | 7 | 部品間の配線が長い。<br> | 部品間の配線を短くして回路をコンパクトにつくる。<br>チップ部品を使う。<br>入力端子につなぐケーブルは，シールドケーブルを使う。<br> |
| | | | 16 | コイルが受信回路の近くにある。<br>コイル開口部が受信回路方向である。<br> | コイルを離して配置する。<br>コイルの開口部を受信回路方向に向けない。<br>コイルをシールドする。<br> |
| | | デジタルノイズがアナログ回路に入り込む。 | 40 41 | デジタル回路とアナログ回路の配置が混合している。<br> | デジタル回路とアナログ回路の配置を分ける。<br> |

| 問題箇所 | トラブル事例内容 | | 事例 | 原因 | 対策方法 |
|---|---|---|---|---|---|
| 部品・レイアウト（つづき） | Q（つづき） | デジタルノイズがアナログ回路に入り込む.（つづき） | 40 41（つづき） | デジタルグラウンドとアナロググラウンドが混在している.<br> | アナロググラウンドとデジタルグラウンドを分離してコモンモードチョークやフォトカプラで つなげる.<br> |
| | | | 59 | 同じ層のなかにデジタル回路とアナログ回路が混合している.<br> | デジタル回路とアナログ回路を層で分離する.<br> |
| 筐体構造 | R | 通気口やコネクタなどの開口部からノイズが放射される. または，外部ノイズの影響を受ける. | 49 | 開口部が長いため，ノイズが漏れる.<br><br>長い開口部　長い開口部 | 開口部をふさぐ.<br>開口部を小さく分割する.<br><br>短い開口部　短い開口部 |

| 問題箇所 | トラブル事例内容 | 事例 | 原因 | 対策方法 |
|---|---|---|---|---|
| 筐体構造（つづき） | R（つづき） 接合部や扉の隙間からノイズが放射される．または，外部ノイズの影響を受ける． | 50 | 接合部のわずかな隙間からノイズが漏れる．<br><br>金属<br>隙間<br>金属 | 導電ガスケットを隙間に挟む．<br>導電テープで穴をふさぐ．<br>フィンガーを隙間に挟む．<br><br>ガスケット<br>金属 |
| | 筐体を貫通する金属線からノイズが放射される．または，外部ノイズの影響を受ける． | 51 | 筐体を貫通する金属線がアンテナとなってノイズを放射する．<br><br>金属線<br>誘導電流<br>ノイズ<br>IC<br>筐体 | 筐体を貫通する箇所にフィルタを入れる．<br><br>金属線<br>フィルタ（貫通コンデンサ）<br>誘導電流<br>ノイズ<br>IC<br>筐体 |
| | 筐体より突き出た電子部品からノイズが放射される．または，外部ノイズの影響を受ける． | 52 | 電子部品の突起部がアンテナとなってノイズを放射する．<br><br>筐体<br>ボリューム<br>浮遊容量<br>リード線<br>誘導電流<br>ツマミ<br>長い<br>金属シャフト | 電子部品をシールドする．<br>突起部を短くする．<br>フィルタを入れる．<br><br>シールドケース<br>ツマミ<br>短い<br>フィルタ（貫通コンデンサ） |

# 基礎編

# 1 ノイズとその影響

　ノイズの基礎知識を知ってもらうために，この章ではノイズ対策の概要を解説します．はじめに，ノイズがほかの電子機器に与える影響について解説します．その後，ノイズ発生源とノイズの伝達経路について解説し，最後にノイズ対策の概要について解説します．

## 1.1　ノイズが機器に与える影響

　ラジオの近くでパソコンを動作させると，ラジオからガリガリというノイズ音が出るのを経験したことがあると思います．これは，パソコンのノイズがラジオに影響を与えるためです．また，飛行機や病院内では，デジタル機器や無線機器の使用が制限されます．これは，もち込まれた電子機器から発生するノイズによって飛行機や病院内の精密機器が誤動作を起こすのを防ぐためです．

図 1.1　ノイズによる電子機器の誤動作

　生活環境には，携帯電話，パソコン，扇風機，ドライヤー，電子レンジなど，さまざまなノイズを発生する機器があり，電子機器は常にノイズにさらされています．そのため，電子機器は，そのようなノイズによって誤動作しないようにつくらなければなりません．このような機器のノイズ耐性を**イミュニティ**とよびます．また，その逆のノイズの影響の受けやすさを電磁感受性 **EMS** (electromagnetic susceptibility) とよびます．

　また，電子機器は，ノイズをなるべく出さないようにする必要があります．そうでないと，自身のノイズによって，ほかの電子機器が誤動作してしまう可能性があ

るだけでなく，自身の回路にも影響を及ぼしかねません．たとえば，スマートフォンは図1.2のようにデジタル回路と無線回路から構成されています．デジタル回路のノイズが無線回路に入ると受信性能が劣化します．このような電子機器から発生する電磁波の問題を電磁妨害 **EMI** (electromagnetic interference) とよびます．また，このノイズ放出を**エミッション**とよびます．

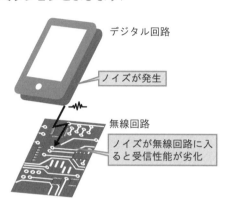

デジタル回路

ノイズが発生

無線回路

ノイズが無線回路に入ると受信性能が劣化

図1.2　携帯電話内部回路

複数の電子機器を近くにおいたときに問題が起こらないようにするために，電子機器は「ほかの機器に電磁妨害を与えない」，「ほかの機器より発生したノイズを受けても誤動作しない」という2つの性能を備えていることが必要です．この2つの性能を電磁環境両立性 **EMC** (electromagnetic compatibility) とよびます．

つまり，EMC対策とは，電子機器にノイズを出さないようにする対策（エミッション対策）と，ノイズを受けても問題を起こさないようにする対策（イミュニティ対策）をして，ほかの機器の近くで使っても正常に動作させることです．

EMCの規格は，国ごとに内容や基準値が定められており，その規格を合格しないと製品を市場に出すことはできません．そのため，電子機器の設計者は，EMCについて十分に学んでおく必要があります．

## 1.2　アナログ信号とデジタル信号に対するノイズの影響

ノイズの影響を受けたアナログ波形，デジタル波形は，図1.3のようになります．アナログ波形である音響信号は，ノイズによってその波形が変わるため，ノイズが小さくてもガリガリという音となって現れます．

一方，デジタル信号は，0と1の判定箇所で閾値を下回る小さなノイズは影響せず，システムは正常に動作します．しかし，閾値を超える大きなノイズを受けると，

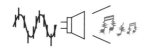
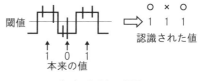

（a）アナログ信号　　　　　　　（b）デジタル信号

図1.3　ノイズの影響

0と1を間違えて判定してしまうため，システムは誤動作をします．図1.3（b）は
↑が判定箇所です．１０１の信号を送った際，ノイズの影響により１１１と判定
された例です．デジタル信号のほうがノイズの影響は受けにくいですが，影響を受
けた際の被害は大きいといえます．

### 1.3　ノイズの伝達経路

**☑導体伝導と空間伝導**　　　ノイズの伝わりかたには2つあります．1つは金属を通っ
て伝わる**導体伝導**であり，もう一つは空間を通って伝わる**空間伝導**です．

　ノイズ源からノイズを受けるまでのノイズの経路は，図1.4のようになります．
Aはノイズを放出する送信側の機器，Bはノイズを受け取る受信側の機器や回路で
す．C〜Eは，機器に接続される信号線や電源線を示しています．

　ノイズ源から機器に伝わる経路は以下の5通りあります．影響の大きい順に並
べてあります．

①　送信側（導体伝導D）→受信側（導体伝導D）：機器Aと機器Bが信号線
　　や電源線で接続されていると，機器Aで発生したノイズはケーブルを通っ
　　て機器Bに伝わります．

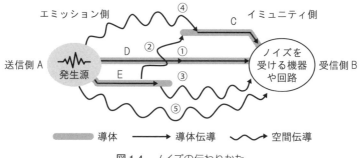

図1.4　ノイズの伝わりかた

② 送信側（導体伝導 E）→空間伝導→受信側（導体伝導 C）：機器 A で発生したノイズは，そこに接続された長い金属線 E を伝わります（導体伝導）．長い金属線 E は送信アンテナとなり，ノイズは空間に放射され，空間を通って伝わります（空間伝導）．機器 B に接続されたケーブル C は受信アンテナ（ p.28 3章）となり，空間から伝わったノイズを受信します．受信ノイズは，ケーブルを通って機器 B に伝わります（導体伝導）.

③ 送信側（導体伝導 E）→受信側（空間伝導）：機器 A で発生したノイズは，そこに接続された長い金属線 E から放射され，機器 B に入ります．

④ 送信側（空間伝導）→受信側（導体伝導 C）：機器 A で発生したノイズは空間に放射され，機器 B に接続された長い金属線 C から入ります．

⑤ 送信側（空間伝導）→受信側（空間伝導）：機器 A 内部で発生したノイズは空間に放射され，機器 B に入ります．

　これらのノイズが伝達する導体の経路，または空間の経路のどこかを断ち切ることでノイズ対策ができます．

## 1.4　ノイズの発生源

　ノイズ対策を行うにあたり，ノイズの発生場所を知っておく必要があります．ノイズの発生源は，大きく分類すると，機器内部と機器外部があります．

**☑機器内部のノイズ源**　　機器内部のノイズ源には，発振回路やデジタル回路，コイルなどがあります．

- 発振回路（発振モジュール）：発振回路はアナログ信号やデジタル信号を発生する回路であり，発振モジュールはその回路をモジュール化したものです．図 1.5 のように，発振モジュールで出力された信号は，そこに接続される線路からノイズとして空間に放射されます．また，ノイズは，発振回路の電源端子やグラウンド端子につながる配線を伝わってほかの回路に入ります．

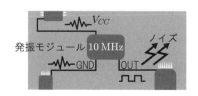

**図 1.5　発振モジュールから発生するノイズ**

- デジタル回路：図 1.6 のように，マイコンやデジタル回路から出力されたパルス波が信号パターンに加わると，信号線からノイズが発生します．また，デジタル回路の電源パターンやグラウンドにはノイズ電流が流れるため，それがノイズ源となってほかの回路に伝わったり，電源やグラウンドのパターンから放射されたりします．デジタル波形には多くの周波数成分が含まれているため，デジタル回路からは幅広い周波数のノイズが発生します（ **p.19 2.5**）．

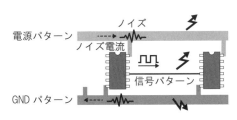

図 1.6　デジタル回路から発生するノイズ

- コイル：図 1.7 のように，コイルに交流電流を流すと大きなコイルからノイズが発生します．そこで発生するノイズ量は，電流 $i$ の変化量とインダクタンス値 $L$ に比例します．リレー動作時やスイッチング電源では，そこで使われるコイルに電流を ON/OFF して急激な電流変化を与えているので，コイル間には数百 V の電圧が発生します．そのため，コイルからは強力なノイズが発生します（ **p.70 事例 16**）．

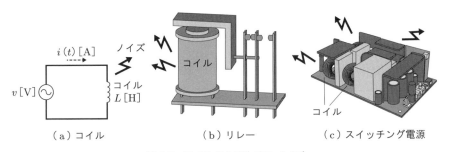

（a）コイル　　　　　　　（b）リレー　　　　（c）スイッチング電源

図 1.7　コイルから発生するノイズ

**☑ 外部機器のノイズ源**　　電子機器に影響を与える外部のノイズ源には，AC 電源ライン，モーター，送信機，電子レンジなどがあります．

- AC 電源ライン：家庭用コンセントの AC 電源はノイズのない安定した電圧源と思われがちですが，実はほかの機器で発生したノイズの伝達経路であり，さまざまなノイズを含んでいる可能性があります．図 1.8 のように，電源ラ

インより伝わるノイズによってラジオが雑音を発生することがあります．また，電子レンジなどの信号発生をともなう機器やパソコンで使うスイッチング電源などは，ノイズが AC 電源ラインを伝わってほかの機器に影響を与えます．AC 電源ラインは非常に長いため，高い周波数から低い周波数まで，幅広いノイズに対して放射および受信をしやすくなります（⚡ p.28 3章）．

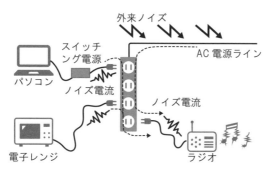

図 1.8　電源ラインから伝わるノイズ

- モーター：扇風機やドライヤーは，内部にモーターが使われています．モーターはコイルで構成されているため，モーターに電流が流れるとノイズが発生し，AC コードからはノイズ電流が流れ出します．
- 送信機：スマートフォンなどの送信機から送信される電波は，周辺機器にとってはノイズとなります．送信機から送信される電波の強度は大きいため，周囲に与える影響は大きいものとなります．このような送信機からの電磁妨害を **RFI** (radio-frequency interference) とよびます．
- 電子レンジ：電子レンジは 2.45 GHz の周波数で 1 kW 以上の電磁波を発生します．電子レンジは，電磁波が外部に漏れないようにシールド（⚡ p.15 2.3）されていますが，内部で大きな電力の電磁波が飛び交うため，電磁波の一部は外部に漏れ出します．電子レンジの作動中に，その周辺で電子機器の不具合が起こることがあるのは，これが原因です．

## 1.5　ノイズ対策の概要

　ノイズ対策は，主にシールドとフィルタを使って行います．図 1.4 のノイズの伝わりかたの説明図にノイズ対策を加えると，図 1.9 のようになります．エミッション側とイミュニティ側をシールドで囲って空間を伝わるノイズを遮断します．また，外部につながる線路にはフィルタを挿入して，線路上を伝わるノイズを遮断します．

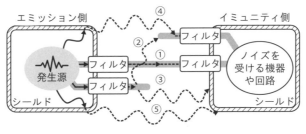

図1.9　ノイズ対策

**☑シールド**　　空間伝導のノイズは，シールドで遮断して対策します．**シールド**とは，電子機器を金属で囲い，空間伝導のノイズを遮断することです．図1.10 (a) のように，エミッション対策では，ノイズ発生源を金属で囲い，ノイズが外部に漏れるのを防ぎます．

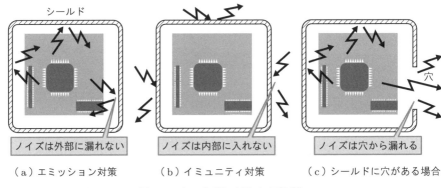

（a）エミッション対策　　　（b）イミュニティ対策　　　（c）シールドに穴がある場合

図1.10　シールドによるノイズ対策

　図1.10 (b) のように，イミュニティ対策では，ノイズの影響を防ぎたい回路を金属で囲います．外来ノイズは金属で遮断され，シールド内に入ることはできません．

　シールドは対象物を全面金属で覆うのが理想ですが，電子機器は機器全面を覆うことができない場合がほとんどです．電子機器にはコードを接続するための穴や，放熱のための穴，表示パネルやスイッチの穴が必要です．図1.10 (c) のように，電磁波はそのような穴から漏れ出します．そのために，シールドに開ける穴はできるだけ小さくする必要があります．

**☑フィルタ**　　導体伝導のノイズは，フィルタで取り除いて対策します．フィルタは，導体を流れるノイズ電流をグラウンドに落としたり（グラウンドに流すこと），

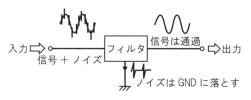

**図 1.11** フィルタによるノイズ対策

反射させたり吸収したりして取り除く素子です．必要な信号（情報）とノイズの違いを周波数で分離します．図 1.11 のように，入力側では信号にノイズが乗っている場合でも，フィルタによってノイズは取り除かれ，出力側では信号のみになります．

# 2 ノイズの基礎

　空中を伝搬するノイズの正体は，電磁波（電界と磁界の波）です．ノイズを根本から理解するには電磁気学を学ぶ必要がありますが，それには大変多くの時間を要します．そこで本書では電磁気学の簡単な内容のみを扱い，電磁波のふるまいがEMCにどのような影響を与えるかを中心に解説します．この章では，はじめに電界と磁界について解説し，その後，電磁波の性質と各ケーブルの電磁界分布を解説します．

## 2.1　電界と磁界の発生

　電磁波は，電界と磁界からなる波です．はじめに，電界と磁界の発生について解説します．

☑**電界の発生**　　**電界**は，2枚の金属板（コンデンサ）に電圧を加えると発生します．図 2.1 (a) のように，2つの平面電極間に電圧を加えると，電流 $i$ が流れ，＋電極に＋電荷が，－電極には－電荷が蓄積し，2つの電極間にはその電荷によって電界が発生します．電界は電圧の＋から－に向かって発生します．電界強度 $E$ は，次の式で表されます．

$$E = \frac{V}{d}\,[\mathrm{V/m}] \tag{2.1}$$

ここで，$V$ は電極に加わる電圧，$d$ は電極間の距離です．

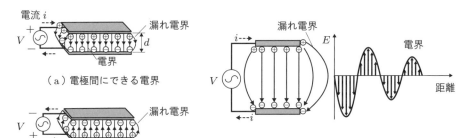

（a）電極間にできる電界

（b）電圧が逆の場合

（c）電極間が広いとき

図 2.1　コンデンサに発生する電界

交流電源の電圧の±が逆になると，図2.1 (b) のように電流方向と電界方向は逆になります．

☑**漏れ電界**　電極の端の部分では，電界は外部に漏れます．図2.1 (a) のように電極間の距離 $d$ が狭いと漏れ電界は小さいですが，図2.1 (c) のように電極を離すと，漏れ電界は大きくなります．この漏れ電界が電波となって空間に飛び出し，周囲の機器に影響を与えます．ある瞬間の電極から離れた場所における電界強度は図2.1 (c) の右の波形のようになります．このように，電界は波となって遠方に伝わり，電界強度は式 (2.1) に従い電極板から遠くなるほど小さくなることがわかります．

　電極板の傾きを変えると図2.2 のようになり，電流 $i$ が同じ場合，電極間の角度を広げるほど電界はよく空間に放射されます．

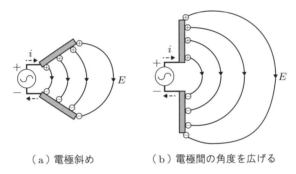

（a）電極斜め　　　　（b）電極間の角度を広げる

図2.2　電極間の角度を変えた場合

☑**磁界の発生**　金属線に電流を流すと，そのまわりには**磁界**が発生します．その電流の向きと磁界の方向は，図2.3 のように，右手の親指方向を電流，丸めた指方向を磁界とした向きと一致します．これを**右手の法則**といいます．

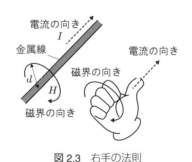

図2.3　右手の法則

電流 $I$ と磁界 $H$ の関係は，次の式で表すことができます．

$$H = \frac{I}{2\pi d} \,[\mathrm{A/m}] \tag{2.2}$$

式 (2.2) より，磁界 $H$ は距離 $d$ が離れるに従って小さくなることがわかります．

次に，金属線に交流電流を流したときについて考えます．電流を流したときに発生する磁界は図 2.4 (a) のようになり，電流方向により，磁界の向きは逆になります．金属線に交流電流を流したときの磁界は図 2.4 (b) のようになり，波となって空間を伝わります．

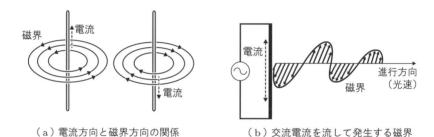

（a）電流方向と磁界方向の関係　　　（b）交流電流を流して発生する磁界

図 2.4　金属線に電流を流して発生する磁界

☑**電磁波**　　**電磁波**とは，空間に放射された電界や磁界の波のことです．図 2.1 (c) の空間に放射された電界の波は，伝搬中に磁界を生み出します．また，図 2.4 (b) の空間に放射された磁界の波は，伝搬中に電界を生み出します．その結果，これらの電界と磁界の波は，発生源から離れた場所では，図 2.5 のように電界と磁界の両方が一定の比率で混合した電磁波となって伝搬します．

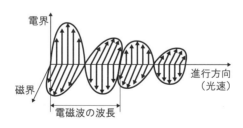

図 2.5　電界と磁界の伝搬

☑**変位電流**　　図 2.1 (c) の電流 $i$ は，回路理論では，信号源から出て 2 つの電極間の空間を通って信号源に戻ると考えます．しかし，実際は電極の電荷量が変化しているのであって，電極間に電流は流れていません．この空間を流れると仮定した架空の電流を**変位電流**とよびます．また，電極の電荷量が変化すると電極間で発生

する電界も変化します．したがって，電極間の空間を変位電流が流れたとき，電磁波が発生すると考えることができます．この変位電流の考えかたは，あとのノイズ発生の現象を考えるのに役立ちます．

### ☑電磁波の周波数と波長

電磁波の**波長**は，以下の式で求めることができます．

$$\lambda = \frac{c}{f} \ [\mathrm{m}] \tag{2.3}$$

ここで，$f$ は周波数，$c$ は光の速度（$c = 3 \times 10^8 \ [\mathrm{m/s}]$）です．

また，周波数を MHz の単位にすることで，次のような覚えやすい式にできます．

$$\lambda = \frac{300}{f \ [\mathrm{MHz}]} \ [\mathrm{m}] \tag{2.4}$$

### ☑近傍界と遠方界

電磁界の発生源から $\lambda/(2\pi)$ までの領域を**近傍界**，$\lambda/(2\pi)$ より遠い領域を**遠方界**とよびます．たとえば，周波数が 100 MHz の場合，式（2.4）を使うとその波長 $\lambda$ は 3 m で，$\lambda/(2\pi)$ はおおよそ 50 cm です．電磁界は，発生源から離れるほどその強度は減衰していきますが，近傍界と遠方界ではその減衰量が異なります．電磁界発生源からの距離に対する電界と磁界の減衰は，図 2.6 のようになります．

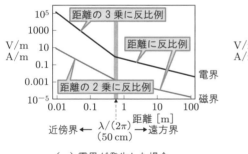

（a）電界が発生した場合

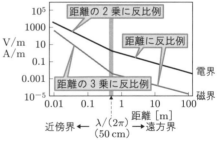

（b）磁界が発生した場合

図 2.6　電界と磁界の減衰

電界が発生した場合，図 2.6（a）のように，近傍界では，電界は距離の 3 乗に反比例して減衰し，磁界は 2 乗に反比例して減衰します．遠方界では，電界も磁界も距離に反比例して減衰します．磁界が発生した場合，図 2.6（b）のように，減衰特性は，電界が発生したときと比較して電界と磁界が逆になります．

これらの結果より，ノイズの影響を受けないようにするには，ノイズ源から離すのが有効であることがわかります．

☑**電波**　　**電波**は，周波数が $3\,\text{THz}$（$3 \times 10^{12}\,\text{Hz}$）以下の電磁波と定義されています．一般に，電波は遠方界の電磁波として，またその電界強度の意味でよく使われます．

☑**電波の伝わりかた**　　電波は図2.7（a）に示すように，電界と磁界の向きが直交した状態で進みます．図2.7（b）のように，電界から磁界方向に回転させた**右手の法則**に従って進むと覚えます．また，電波は，距離に反比例して小さくなります．

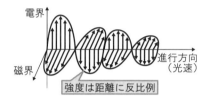

（a）移動方向に対する電界と磁界方向　　　　　　（b）右手の法則

図2.7　電波の伝わりかた

☑**平面波**　　図2.8のように，等位相面（位相が等しい波面）が平面となる波を**平面波**といいます．電波の波面は，電波の波源付近では球面ですが，波源より十分離れた場所ではほぼ平面とみなせます．したがって，電波の波面は平面波です．

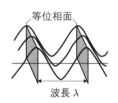

図2.8　平面波

☑**波動インピーダンスと自由空間のインピーダンス**　　電波が空間を伝搬する際，電界と磁界の両方が存在することをこれまでに解説しました．ある場所における電界と磁界の比を**波動インピーダンス $Z$** といい，次の式で表すことができます．

$$Z = \frac{E}{H}\,[\Omega] \tag{2.5}$$

図2.6の近傍界と遠方界で示された電界と磁界の値から，式（2.5）を使って空間の波動インピーダンスを計算すると，図2.9のようになります．遠方界では波動イ

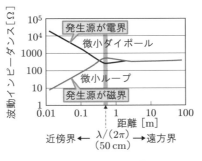

図 2.9 波動インピーダンス

ンピーダンスは一定となります．これを**自由空間のインピーダンス**とよび，その値は 377 Ω です．

電波は波源より十分離れた場所の電磁界であるため，電波に対する波動インピーダンスも 377 Ω です．

----

**●))) 例 題**

ある空間における電波の電界強度が $E = 1 [\text{V/m}]$ であるとき，その磁界を求めよ．

**答え** .................................................................................................

式 (2.5) を用いて，次のように求めることができます．

$$H = \frac{E}{Z} = \frac{1}{377} \text{ A/m}$$

----

### 2.3 電磁ノイズの反射

ここでは，空間を伝わるノイズ（電磁ノイズ）の反射について解説します．また，電磁波である電波も同じ特性を示します．

**☑電磁ノイズは金属に当たると反射する**　図 2.10 のように，ノイズは十分に大きな金属板に当たると全反射し，裏面には電磁ノイズはほとんど伝わりません．そのため，大きな金属板をおくことで，電磁ノイズを遮る（**シールド**する）ことがで

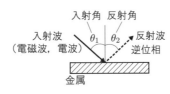

図 2.10　電磁ノイズが金属に当たった場合

きます．この電磁ノイズを遮る金属板を**シールド板**といいます．なお，図中の入射角 $\theta_1$ と反射角 $\theta_2$ は同じになります．また，反射波の位相は，入射波と逆になります（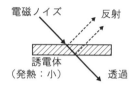 p.168 付録 B.5）．

**☑電磁ノイズは物体に当たると反射と透過する**　図 2.11 のように，電磁ノイズは金属以外の物体に当たると一部は反射し，残りは物体の内部に入り込みます．物体に入り込んだ電磁ノイズは減衰しながら進み，物体の裏面で一部が反射して戻り，残りは物体を突き抜けて透過します．

図 2.11　電磁ノイズが誘電体に当たった場合

　物体を透過する電磁ノイズの量（透過量）は，物体の材質（比誘電率，比透磁率）や電磁ノイズの入射角度によって決まります．身近にある電磁ノイズが透過しにくい物質として，コンクリートがあります．そのため，コンクリートの建物のなかは，電磁ノイズは届きにくくなります．

　電磁ノイズは，比誘電率や比透磁率が 1 に近い材質や薄い材料ほどよく透過します．発砲スチロールは，比誘電率と比透磁率がほぼ 1 であるため，電磁ノイズは発砲スチロールをほとんど透過します．

**☑金属板に電磁ノイズが当たると金属表面に電流が流れる**　図 2.12 のように，金属板に電磁ノイズが当たると，金属の表面に電流が流れます（ p.164 付録 B.1）．この電流を，**誘導電流**または**表面電流**といいます．誘導電流の周波数は，入射した電磁ノイズと同じです．誘導電流は電磁ノイズを発生して，それが反射波となります（ p.168 付録 B.5）．

　金属表面上に流れた電流は裏面に流れて広がり，裏面に流れた電流は電磁ノイズを発生させます．金属板が小さいと，表面に当たった電磁ノイズはシールド板の裏面からも放射されるため，おいておくだけではシールドのはたらきはあまり期待できません．金属板をグラウンドに接続することで，シールド効果が出ます（ p.62 事例 9）．

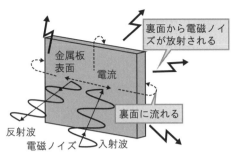

**図 2.12　金属板に流れる電流**

**☑金属で囲うと電磁ノイズを遮断できる**　シールド板は裏面で電磁ノイズを再放射するため，電磁波の遮断効果が十分ではありません．より高いシールド効果を得るには，図 2.13 のように，対象物の回路を金属の箱のなかに入れます．この金属の箱を**シールドケース**（シールドボックス）といいます．

　シールドケースによるエミッション対策を，図 2.13 (a) に示します．ノイズ源がシールドケースで囲われているため，電磁ノイズはシールドケースの内部に閉じ込められ，シールドケースの外に出ることはできません．

　シールドケースによるイミュニティ対策を，図 2.13 (b) に示します．受信回路はシールドケースで囲われており，外部より電磁ノイズを受けても電磁ノイズはシールドケース内に入ることができないため，受信回路は電磁ノイズの影響を受けません．

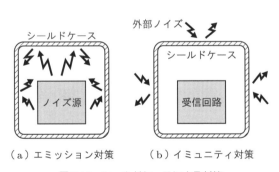

**図 2.13　シールドケースによる対策**

**☑電磁ノイズは地面に当たると反射する**　地面は，ほぼ完全導体とみなすことができるため，図 2.14 のように，放射された電磁ノイズは，地面に当たると反射します．受信部の電界強度は，直接波と反射波を合成した値となります．

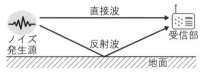

図 2.14　地面で反射するノイズ

**☑ノイズは干渉する**　　図 2.14 の受信部で直接波と反射波の電磁ノイズが重なると，その電磁ノイズは図 2.15 のように直接波と反射波を合成した波形になります．これを**干渉**といいます．同位相の波形があわさると，それぞれの振幅を足しあわせた波形となります．図 2.15 (a) のように，2 つの波形の振幅が同じ場合，電磁波の強度は 2 倍になります．逆に，図 2.15 (b) のように，逆位相の波形があわさると，その強度は小さくなります．

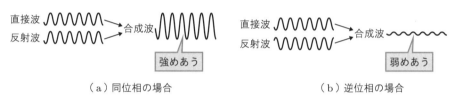

（a）同位相の場合　　　　　　　　　　　（b）逆位相の場合

図 2.15　電磁ノイズの干渉

　図 2.14 で受信される直接波と反射波の位相関係は，受信アンテナの位置によって変わります．そのため，受信された合成波の強度も受信部の距離や高さによって変わります．

## 2.4　シールド効果

　電磁ノイズは金属に当たると反射して透過しない（📈 **p.15 2.3**）と述べましたが，実際は図 2.16 のようにわずかに透過します（📈 **p.164 付録 B.1**）．入射波の電界 $E_i$ が金属に当たると，ほとんどの入射波は金属面で反射しますが，金属内部に入り込んだ一部は金属内部で急激な減衰をしたあと，一部の電界 $E_t$ が反対側に透過します．

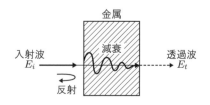

図 2.16　入射波が金属を透過する様子

**シールド効果** $SE$ は，入射波がどれだけ減衰するかを表すパラメータであり，以下の式で求めることができます.

$$SE = 20\log \frac{|E_i|}{|E_t|} \,[\mathrm{dB}] \tag{2.6}$$

また，入射波が金属面で反射して起こる損失を反射損失 $R$，金属内で減衰する損失を減衰損失 $A$ とすると，シールド効果 $SE$ はデシベル（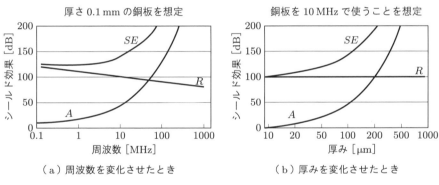p.147 付録 A.2）表示では次のように反射損失と減衰損失をあわせた値になります（p.166 付録 B.3）.

$$SE = R + A \,[\mathrm{dB}] \tag{2.7}$$

式 (2.7) を使って計算したシールド効果の特性は，図2.17 のようになります．図2.17 (a) は銅板の厚さを 0.1 mm として周波数を変えたときの特性，図 2.17 (b) は周波数を 10 MHz として銅板の厚みを変えたときの特性です．金属は 100 dB 以上のシールド効果があり，十分な遮断効果をもちます.

図 2.17 銅板のシールド効果

（a）周波数を変化させたとき　　（b）厚みを変化させたとき

## 2.5 ノイズのスペクトラム

　ノイズ源となる電流波形や電圧波形が正弦波であれば，そのノイズの周波数成分は１つですが，一般のノイズの波形はさまざまな波形をしており，これらのノイズには複数の周波数の信号成分が含まれています．とくに，急峻に変化する波形のノイズのなかには高い周波数成分が含まれており，それらは電磁ノイズとなって空中に飛びやすいため，EMC 問題を引き起こす原因となることがよくあります.

**☑パルス波のスペクトラム**　　パルス波は，基本波と奇数倍の高調波の合成でできています．複数の正弦波を合成したときの合成波形とそのスペクトラムは，図 2.18 のようになります．**スペクトラム**とは，波形に含まれる周波数成分の大きさをグラ

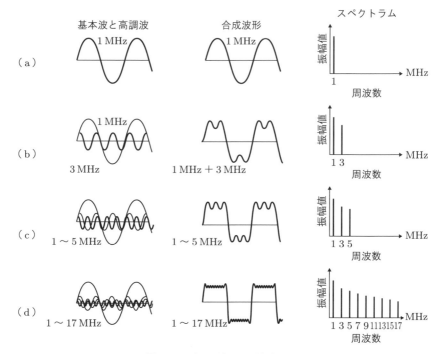

図 2.18　パルス波のスペクトラム

フに表したもので，横軸は周波数，縦軸は信号の振幅値です．

　図 2.18 (a) は基本波（1 MHz）の正弦波，図 2.18 (b) は基本波と 3 次高調波（基本波の 3 倍の周波数の信号），図 2.18 (c) は基本波と 3 次と 5 次の高調波，図 2.18 (d) は基本波と 3〜17 次までの奇数倍の高調波の信号の合成波です．このように，高調波の次数を増やしていくと，合成波はパルス波に近づいていきます．つまり，パルス波は幅広い周波数成分を含んだ波形です．

**☑立上がり速度と高調波**　　1 MHz のパルス波の立上がりと立下りが急峻な波形と，緩やかな波形のスペクトラムの違いを比較すると，図 2.19 のようになります．

　図 2.19 (a) の立上がり速度の速い波形では，スペクトルをみると基本波の周波数の 100 倍である 100 MHz の周波数においても高調波成分は基本波の −40 dB のレベルで含まれています．このような波形のノイズ対策は，高い周波数の成分まで取り除く必要があるため，非常に難しくなります．

　一方，図 2.19 (b) の立上がり速度の遅い波形では，7 MHz 以上の高調波は急激に小さくなっています．このように，波形の立上がり速度を遅くすることで高調波成分は小さくなり，ノイズ対策はしやすくなります．

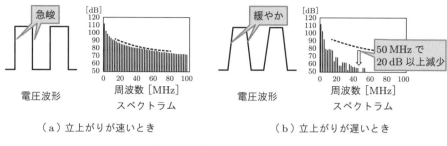

（a）立上がりが速いとき　　　　　　　　（b）立上がりが遅いとき

図 2.19　パルス波のスペクトラム

## 2.6 ▶ 各ケーブルと電磁界分布

　ケーブルは，ノイズの影響を非常に受けやすい箇所です．ここでは，主なケーブル（平行ケーブル，シールドケーブル，ツイストペアケーブル）の特徴と電磁界分布を記します．電磁界分布は，**電気力線**と**磁気力線**で示されます．電気力線は電界，磁気力線は磁界の方向と強度を表したものです．力線の密度が高いほど，電磁界の強度が強いことを示しています．

☑**平行ケーブル**　　図 2.20 の平行ケーブルは，信号線や電源線として一般に使われる 2 線の電線です．図 2.20（b）のような電流が流れると，各線より電磁界が発生し，その電磁界は空間に広がります．2 線間で発生した磁界（間隔 $d$ 内の箇所）は，左側の線で発生した磁界 $H_1$ と右側の線で発生した磁界 $H_2$ で同じ方向を向いているため，強めあいます．一方，2 線の外側の磁界 $H_1$ と $H_2$ は，逆方向になるため弱めあいます．そして，この弱めあう程度は 2 線間の間隔 $d$ が近いほど大きく，磁界は 0 に近づきます．つまり，平行ケーブルの 2 線間の距離が近いほど，そこから漏れる磁界は小さくなります．

　図 2.20（b）の $H_1$ と $H_2$ を合成した磁気力線は，図 2.21（a）のようになります．

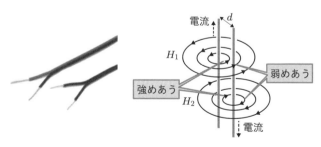

（a）平行ケーブル　　　（b）電流が流れたときの電磁界

図 2.20　平行ケーブルとその磁界

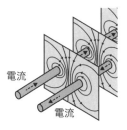

（a）磁気力線

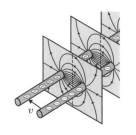

（b）電気力線

図 2.21　平行ケーブルとその磁界分布

また，図 2.21（b）に 2 線間に電圧 $v$ が加わったときの電気力線を示します.

　平行ケーブルは電磁界を放射しやすく，またイミュニティにおいては外部ノイズの影響を受けやすいため，EMC 対策で用いるのは好ましくありません.

☑**シールドケーブル，同軸ケーブル**　　図 2.22（a）の**シールドケーブル**，図 2.22（b）の**同軸ケーブル**は，どちらも EMC 対策に優れたケーブルです. シールドケーブルは，芯線の周辺が外部導体（金属網線）で覆われており，信号線や電源線として使われます. 同軸ケーブルは，1 本の中心線のまわりを外部導体で覆い，その間に比誘電率 $\varepsilon_r$ のポリエチレンが挿入されており，特定の特性インピーダンス（**p.155 付録 A.6**）をもちます. 同軸ケーブルは，高周波信号の伝搬で使います.

（a）シールドケーブル
　［提供：冨士電線］

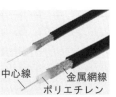

（b）同軸ケーブル
　［提供：冨士電線］

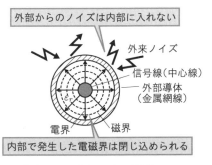

（c）シールドケーブルや同軸
　ケーブルの電磁界分布

図 2.22　シールドケーブルとその電磁界

　シールドケーブルや同軸ケーブルに電流を流すと，図 2.22（c）のような電磁界分布になります. 外部導体はグラウンドとして使用され，電流を流したときに発生する電磁界はすべてケーブル内に閉じ込められて外部に電磁界が漏れることはありません. また，イミュニティにおいても，外部導体が飛来したノイズを遮断するため，内部に流れる信号はノイズの影響を受けません.

**✓ツイストペアケーブル**　**ツイストペアケーブル**は，図 2.23（a）のように 2 線
をねじった構造をしています．平行線をねじるだけで電磁波を発生しにくく，また
イミュニティでは電磁波を受けにくくなるため，ツイストペアケーブルは EMC 対
策用ケーブルとしてよく使われます．

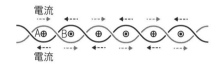

電流

電流

（b）ケーブルに電流が流れたときに発生する磁界

（a）ツイストペアケーブル
［提供：冨士電線］

| 磁界の向き　⊕ 手前から奥向き　◉ 奥から手前向き |

（c）ケーブルが電磁波を受けたときに流れる電流

図 2.23　ツイストペアケーブルとその電磁界

　ツイストペアケーブルに電流が流れたときの電流の向きと 2 線の内側の磁界の
方向は，図 2.23（b）のようになります．図 2.20 の平行ケーブルでは 2 線間の内側
の磁界は強めあっていましたが，図 2.3 の右手の法則から考えると，ツイストペア
ケーブルでは，A と B で発生する 2 線の内側の磁界は逆向きになります．A と B
の磁界は隣同士で相殺するため，ツイストペアケーブルからはほとんど磁界は発生
しません．

　ツイストペアケーブルが外部より磁界を受けると，ケーブルに図 2.23（c）のよう
な電流が流れます．ツイストペアケーブルの 2 本の線は同じ方向の磁界を受けます．
ここで影響する磁界の向きは，2 線間を貫通する磁界の向きです．右手の法則で考
えると，A と B の電流の向きは逆になるため，ケーブルには電流はほとんど流れ
ません．

### 2.7　基板上の線路と電磁界分布

　基板上の線路には，平行線，マイクロストリップライン，ストリップラインがあ
ります．各線路の構造と電磁界分布を，図 2.24 に示します．以下に，それぞれの
線路の特徴を記します．

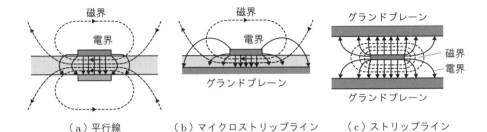

図 2.24 基板上の線路と電磁界分布

☑**平行線**　　平行線は，図 2.24（a）のように，プラス線とマイナス線が基板の反対面に配置された構造をしています．電磁界分布は，平行ケーブルと似ています．電磁界は，基板の両面より空間に飛び出しやすい構造です．2 線の間隔を狭くするほど，電磁界は空間に放射されにくくなります．逆に，上下の 2 線が左右にずれて 2 線の間隔が大きくなるほど，電磁界は放射されやすくなります．

☑**マイクロストリップライン**　　図 2.24（b）の構造の線路を**マイクロストリップライン**といいます．基板の表面を信号線，裏面の全面をグラウンドにします．この裏面全部をグラウンドにすることを**グランドプレーン**といいます．

　マイクロストリップライン上の電磁界は信号線とグラウンド間に集中しており，ほとんどの電磁界は上下のパターン間に閉じ込められます．しかし，表面は空間にさらされているため，一部の電磁界は空間に放射されます．信号線とグランドプレーンの距離が近いほど，電磁界は空間に放射されにくくなります．裏面からの電磁波の放射はほとんどなく，また線路からの放射も比較的少ないため，EMC 対策でよく使われる線路です．

☑**ストリップライン**　　**ストリップライン**は，3 層基板の上面と下面をグランドプレーンにして，中間層を信号線とした構造です．電磁波は上下のグランドプレーンで閉じ込められるため，もっとも電磁波が外部に漏れにくい構造をしています．ただし，線路の接続確認や修正がしにくいという欠点があります．

### 2.8　伝送線路上の波長

　空気中の信号の波長は，式（2.3）で示しました．ここでは，同軸ケーブルのなかとマイクロストリップラインのなかの波長について解説します．波長の知識は，ア

ンテナ（🎵p.28 3章）や線路の共振（🎵p.90 事例30）について考える際に必要となります.

☑**同軸ケーブル上の波長**　同軸ケーブルのなかを通過する信号の波長 $\lambda_g$（🎵p.154 付録A.5）は，次式のようになり，空中での波長と比較して短くなります.

$$\lambda_g = \frac{\lambda_0}{\sqrt{\varepsilon_r}} \tag{2.8}$$

ここで，$\lambda_0$ は空中での波長，$\varepsilon_r$ は中心電極と外周の金属網線の間にある樹脂（ポリエチレン）の比誘電率です.

　樹脂（ポリエチレン）の比誘電率を $\varepsilon_r = 4$ とすると，同軸線路上の波長 $\lambda_g$ は $\lambda$ /2 ですから，空中の波長の半分になります.

☑**マイクロストリップラインの波長**　基板の比誘電率が $\varepsilon_r$ のとき，基板上につくられた線路を通る信号の波長 $\lambda_g$ は，同軸ケーブルの場合より少し長くなります. 図2.24（b）のマイクロストリップラインの電磁界分布をみると，電磁界の多くは基板のなかを通りますが，一部は空間を通ることがわかります. そのため，誘電体から受ける電磁界の影響は，$\varepsilon_r$ の値より少し小さくなります. 実際に電磁界が誘電体より影響を受ける誘電率を**実効誘電率** $\varepsilon_{eff}$（🎵p.154 付録A.5）といいます. そして，基板上の波長は次の式で求めることができます.

$$\lambda_g = \frac{\lambda_0}{\sqrt{\varepsilon_{eff}}} \tag{2.9}$$

　一般的な基板上の線路では，基板（FR4）の誘電率 $\varepsilon_r = 4$ とすると，$\varepsilon_{eff} = 3$ 程度になります.

### 2.9 ▶ 電波吸収シート

　シールド板は，ノイズを反射させて侵入を防ぐものでした. それに対して，ノイズを吸収するのが図2.25の電波吸収シートです. シートの裏面は両面テープになっ

図2.25　電波吸収シート

ており，対象物に貼り付けて使用します．電波吸収シートは，磁気損失によってノイズを吸収するタイプ（磁気損失型）と反射位相差によって吸収するタイプ（反射型）の2種類があります．

☑**磁気損失型電波吸収シート**　シリコンやゴムのなかにフェライトや磁性金属粉末を練りこんでシート状にしたものです．図 2.26 のように，電波吸収シートは，ノイズの発生源となる IC や基板のパターンの上に貼り付けて使用します．

 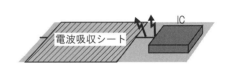

（a）半導体の上に張り付ける　　　（b）基板上のパターンに張り付ける

図 2.26　磁気損失型電波吸収シートの使用例

図 2.27 に，磁気損失型電波吸収シートの透過減衰特性の一例を示します．透過減衰量は，ノイズが電波吸収シートを透過した際に減衰する量を表します．シートの厚みが 0.5 mm と 1 mm の減衰特性を示しています．減衰量は吸収シートが厚いほど増加します．5 GHz で 12〜15 dB の減衰効果があります．

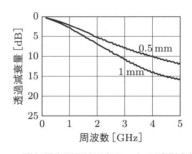

図 2.27　磁気損失型電波吸収シートの透過減衰特性

☑**反射型電磁吸収シート**　シリコンやゴムのなかにカルボニル鉄を練りこんでシート状にしたものです．反射型電波吸収シートは，金属面に貼り付けてノイズの反射を減衰させます．図 2.28 のように，吸収体の厚み $t$ が $\lambda_g/4$ のとき，吸収体表面での反射波の位相と裏面での反射波の位相が逆位相になり，その合成波は小さく

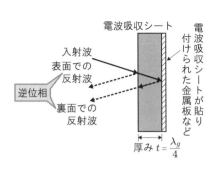

図 2.28 反射型電波吸収シートのしくみ

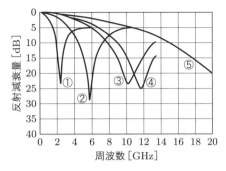

図 2.29 反射型電波吸収シートの反射減衰特性

（減衰量は大きく）なります（p.15 2.3）. ここで, $\lambda_g$ は吸収体内における電磁波の波長です（p.24 2.8）.

　図 2.29 に, 反射位相差による電波吸収シートの反射減衰特性を示します. 反射減衰量は, ノイズが電波吸収シートに当たり, 反射して戻ってくる際の減衰量を表します. グラフでは最大減衰量は 20 dB 以上ありますが, 減衰量が大きくなるのは特定の周波数だけです. 図 2.29 の①〜⑤のように, それぞれ異なる周波数のノイズを減衰させる製品が各メーカーから用意されています.

　反射型電波吸収シートは, シールドケース内部に貼り付けて, シールドボックス内のクロストークや空洞共振を抑制するのに使用されます（p.67 事例 13）.

# 3 アンテナの基礎

ノイズ信号が空間にノイズとして放出されるのは，システムのどこかが送信アンテナになっているためです．また，システムがノイズを受けてノイズ電流やノイズ電圧が発生するのは，システムのどこかが受信アンテナになっているからです．EMC 対策を行うには，システムや回路のどこがアンテナとなっているのかや，アンテナの特性を知っておく必要があります．アンテナの理論は非常に複雑です．この章では，ノイズ対策に関係するアンテナの内容を簡単に解説します．

## 3.1 アンテナとは

**アンテナ**は，信号を電波に効率よく変換して空間に放射する装置です．これを送信アンテナとよびます．また，アンテナは可逆性（逆の性能）があり，空間より伝わってきた電波を信号に変換します．これを受信アンテナとよびます．

図 3.1 は，信号が遠方に伝わる様子を示しています．信号は伝送路を伝わり，送信アンテナから電波に変換されて空中へ放射されます．受信部では，受信アンテナで電波を受信して信号に変換します．そして，その信号は伝送路を通って受信回路に伝わります．ノイズの伝わりかたもこれと同じで，信号源をノイズ源に，電波をノイズに変えて考えます．

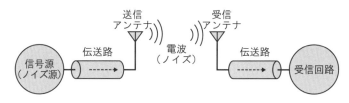

図 3.1　信号が遠方に伝わる様子

電子機器にアンテナを取り付けたつもりはなくても，基板上の配線や接続ケーブル，金属筐体が送信アンテナとして動作し，ノイズ信号が空間にノイズとして放射されることがあります．また，イミュニティでは，これらが受信アンテナとなり，飛来してきたノイズを受信して影響を受けます．

携帯電話などの通信システムでは，信号が効率よく電波として飛ぶように，また

は飛来した電波を効率よく受信するようにアンテナを工夫します．しかし，EMC対策ではその逆で，電波を飛ばさないように，受信しないように工夫します．電波を飛ばす，飛ばさない，どちらにしてもアンテナのしくみを知っておくことが重要です．

アンテナにはいろいろな種類があります．この章では，代表的なアンテナとして，図 3.2 の 3 つのアンテナ（ダイポールアンテナ，モノポールアンテナ，ループアンテナ）について解説します．

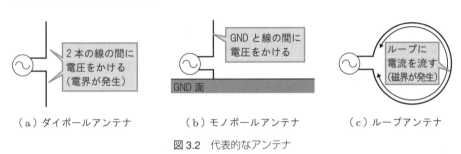

（a）ダイポールアンテナ　　　（b）モノポールアンテナ　　　（c）ループアンテナ

図 3.2　代表的なアンテナ

## 3.2　ダイポールアンテナ

### ☑アンテナの構造

**ダイポールアンテナ**は，図 3.3 のように 2 本の金属線（**エレメント**）を上下対称に広げた構造をしています．

- 送信アンテナ：図 3.3 (a) のように，エレメント中心部に信号源を接続します．信号源から与えられた電圧 $v$ により 2 つのエレメント間には電界 $E$ が発生し，それが空間に放射されます．
- 受信アンテナ：図 3.3 (b) のように，エレメント中心部に負荷が接続されたものです．電界を受信すると 2 本のエレメント間に電位差が発生し，負荷に電圧 $v$ が加わります．

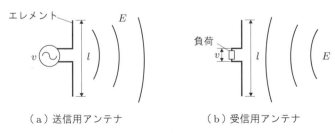

（a）送信用アンテナ　　　　（b）受信用アンテナ

図 3.3　ダイポールアンテナ

**☑エレメントの長さと電界強度**　　アンテナの長さ $l$ が半波長より小さいとき（$l$ < λ/2）は、$l$ が長いほど電圧と電界の変換効率はよくなり、送信アンテナでは放射する電界 $E$ が強くなります。また、受信アンテナでは受信電圧 $v$ が大きくなります。ノイズ対策の点から考えると、エレメントは短いほうがノイズの影響が小さくなります（**🎵 p.170 付録 B.6**）．

**☑エレメントの角度と電界強度**　　図 3.4 のように、アンテナのエレメントの角度を変えると、電界強度は変化します。2 本のエレメントを平行に近づける（エレメント間隔を狭める）ほど、電界は空間に飛びにくくなります。これは、コンデンサ電極（**🎵 p.10 2.1**）をエレメントにおき換えて考えると理解しやすいでしょう。

電界強度が強い　　電界強度が弱い

図 3.4　ダイポールアンテナのエレメントの傾き

**☑エレメントの長さと電界強度**　　ダイポールアンテナのエレメントの長さ $l$ を信号波長の半分（λ/2）にしたときに、電波（電界）はもっとも効率よく放射されます。エレメントの長さを変えたときに放射する電界強度を測定した際の実験方法と結果を、図 3.5 に示します。アンテナに入力する信号は 1 V, 150 MHz であり、測定箇所はアンテナから 3 m 先です。

　エレメントの長さ $l$ を変えると、電界強度は図 3.5（b）のようになります。グラフの縦軸は測定箇所の電界強度、横軸はエレメントの長さ $l$ とそれに対する波長の

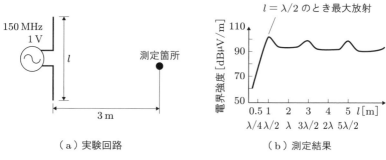

（a）実験回路　　　　　　　　　（b）測定結果

図 3.5　ダイポールアンテナの周波数特性

値です．式（2.3）より，周波数 150 MHz の信号が λ/2 となるエレメントの長さ $l$ は 1 m です．グラフをみると，エレメントの長さが λ/2 の周波数で最大となり，それ以上の周波数ではエレメントの長さが λ/2 の奇数倍である 3λ/2，5λ/2，…，となるときに電界強度は大きくなります．

エレメントが λ/2 より短いと，アンテナの長さが短くなるほど放射される電界強度は弱くなります．EMC 対策においては，アンテナとなる配線やケーブルを短くすることが有効であることがわかります．

信号源がパルス波の場合，高い周波数まで高調波が含まれています（**～** p.19 2.5）．そのため，アンテナの長さを十分短くしたつもりでも，そこから高調波のノイズが放射される可能性があります．

☑**放射パターン**　**放射パターン**とは，送信用アンテナから放射された電界強度の特定の値を線で結んだものです．放射パターンの線がアンテナから離れているほど，その方向の電界強度が強いことを表します．また，放射パターンは，受信アンテナにおいては方向に対する受信のしやすさを表します．放射パターンは，アンテナによって異なります．図 3.6 (a) は，ダイポールアンテナの放射パターンを 3 次元で表したものです．電波はドーナツの形状に放射されます．図 3.6 (b) はダイポールアンテナを上からみたとき，図 3.6 (c) は横からみたときの放射パターンです．

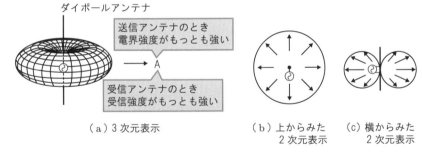

（a）3 次元表示　　　（b）上からみた　　（c）横からみた
　　　　　　　　　　　　　　2 次元表示　　　　2 次元表示

図 3.6　ダイポールアンテナの放射パターン

図 3.6 (a) の放射パターンでは，エレメントと垂直方向（A 方向）がもっともアンテナより離れているため，A 方向の電界強度がもっとも強いことを表しています．また，これは同時に，A 方向から飛来した電波をもっとも受信しやすいことも表しています．

**☑アンテナの構造** 図 3.7 のように，**モノポールアンテナ**は，ダイポールアンテナの片方のエレメントを筐体や地面などの大きなグラウンドに接続した構造をしています．これらのグラウンドを，**フレームグラウンド**や**アース**といいます（ p.146 **付録 A.1**）．エレメントの片側をグラウンド面に接続すると，グラウンド下側に上部のエレメントと同じ長さのエレメントが接続されたアンテナと同じ動作をします．その結果，モノポールアンテナはダイポールアンテナと同じ動作をし，エレメントの長さがλ/4 のときに放射する電波が大きくなります．

図 3.7 モノポールアンテナ

**☑アンテナの角度と放射強度** 図 3.8 のように，エレメントの傾きを変えると電界強度は変化します．エレメントをグラウンドに近づけるほど放射する電界強度は弱まります．

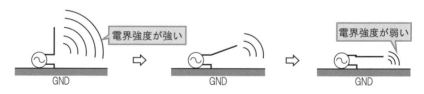

図 3.8 モノポールアンテナのエレメントの傾きと電界強度

**☑放射パターン** 図 3.9 は，モノポールアンテナの放射パターンを 3 次元で表示したものです．ダイポールアンテナのドーナツ形状の放射パターンを半分に切った形となります．グラウンドが大きければ，電波はグラウンド側（下方向）にはほとんど放射されません．

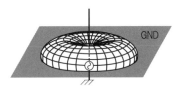

図 3.9　モノポールアンテナの放射パターン

## 3.4　ループアンテナ

☑**アンテナの構造**　**ループアンテナ**には，アンテナの長さが波長よりも十分小さな**微小ループアンテナ**と，長さが 1 波長のときの 1 波長ループアンテナとがあります．ここでは，ノイズ問題でよく見られる微小ループアンテナについて説明します．

- 送信用アンテナ：図 3.10（a）のように，送信用ループアンテナは，電源の 2 端子にループ状の線を接続した構造をしています．ループアンテナに電流が流れると，右手の法則に従って磁界が発生します．
- 受信用アンテナ：図 3.10（b）のように，受信用ループアンテナは，負荷にループ状の線を接続した構造をしています．磁界がループ内を通ると出力電圧 $v$ が発生し，負荷に加わります．

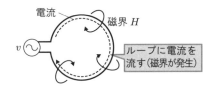

（a）送信用アンテナ　　　　　　（b）受信用アンテナ

図 3.10　ループアンテナの電流と磁界の関係

☑**ループ面積と電界強度**　微小ループアンテナは，**ループ面積**（ループ内の面積）$S$ が大きいほど電波をよく放射したり，受信したりします．図 3.11 の 3 つのループの長さはどれも 40 cm で同じですが，ループ面積が異なります．図 3.11（a）の正方形に広げた形がもっともループ面積が大きくなり，放射する電界強度はもっとも大きくなります（**〜** p.170 付録 B.7）．

受信アンテナの場合も同様です．図 3.10（b）の受信電圧 $v$ は，ループ面積 $S$ に比例して面積のもっとも大きな図 3.11（a）の受信電圧が大きくなります（**〜** p.170 付録 B.7）．

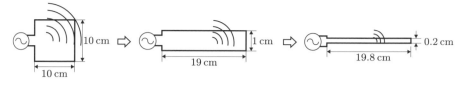

（a）$S = 100\,\mathrm{cm}^2$  （b）$S = 19\,\mathrm{cm}^2$  （c）$S = 4.0\,\mathrm{cm}^2$

図 3.11　ループ面積と電界強度

☑**微小ループアンテナの放射パターン**　図 3.12（a）のように，微小ループアンテナの放射パターンを 3 次元で表示すると，ダイポールアンテナと同じようにドーナツ状になります．図 3.12（b），（c）は上と横からみたときの放射パターンです．

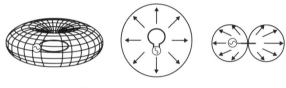

（a）3 次元表示　（b）上からみた　（c）横からみた
　　　　　　　　　　2 次元表示　　　2 次元表示

図 3.12　ループアンテナの放射パターン

## 3.5　偏　波

**偏波**とは，電波が空間を伝わるときの電界の振動方向のことです．ダイポールアンテナとループアンテナの偏波は，図 3.13 のようになります．電界の向きが地面

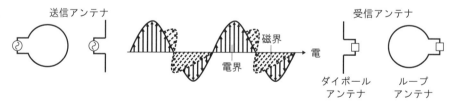

（a）垂直偏波

（b）水平偏波

図 3.13　アンテナの偏波

に対して垂直のときは垂直偏波，平行方向のときは水平偏波といいます．図 3.13
のように，送信アンテナの向きにより発生する電磁波の偏波は決まります．受信ア
ンテナの向きを送信アンテナと同じにすることで送信側と偏波方向をあわせること
ができ，受信感度がよくなります．逆に，図 3.13 (a) の垂直偏波の電波を図 3.13 (b)
のアンテナの向きで受信する（片方のアンテナを 90° 回転させる）と受信しにくく
なります．

# 4 フィルタの基礎

この章では，フィルタのしくみや減衰特性の見かた，フィルタの次数による減衰傾度など，本書を読み進めていくために必要なフィルタの基礎知識について解説します．

## 4.1 減衰量

**減衰量**は**挿入損失**ともよばれ，フィルタがノイズをどれだけ小さくすることができるかを表します．図 4.1 は，減衰量を評価する回路です．図 4.1 (a) は，出力抵抗 $R_o = 50\,\Omega$ の電源に負荷 $R_L = 50\,\Omega$ が接続されており，この負荷に加わる電圧を $V_1$ とします．図 4.1 (b) は，電源と負荷の間にフィルタが挿入されており，この負荷に加わる電圧を $V_2$ とします．減衰量は，$V_1$ と $V_2$ の比によって以下のように求められます．

$$減衰量 = \frac{V_2}{V_1} \tag{4.1}$$

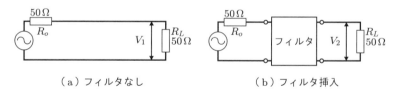

（a）フィルタなし　　　　　　　　（b）フィルタ挿入

図 4.1　フィルタの評価方法

通常，減衰量の値は対数を取って以下のように [dB]（📶 **p.147 付録 A.2**）で表します．

$$減衰量[\mathrm{dB}] = -\,20 \log \frac{V_2}{V_1} \tag{4.2}$$

減衰量が大きいフィルタほどノイズをよく減衰して，ノイズ対策に効果があります．

☑**減衰量の周波数特性**　　一般に，伝えたい信号は低い周波数に，ノイズは高い周波数に分布します．一方で，フィルタの減衰量は，図 4.2 のように周波数によって

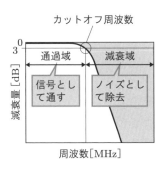

図 4.2　フィルタの周波数特性

変化します．信号の分布する周波数の低い箇所（**通過域**）では減衰せず，ノイズの分布する周波数の高い箇所（**減衰域**）では周波数が高くなるほど減衰量が増します．そのため，フィルタを用いることでノイズを取り除き，信号のみを取り出すことができます．

　通過域と減衰域の境界である減衰量 3 dB となる周波数を**カットオフ周波数**といいます．カットオフ周波数は，信号を通してノイズを除去する，閾値となる周波数ともいえます．

## 4.2　フィルタ回路

　図 4.3 にフィルタ回路を示します．線路上にコイル $L$ やコンデサ $C$ を挿入してフィルタ回路を構成します．$C$ は線路とグラウンド間に並列に，$L$ は線路に直列に挿入します．

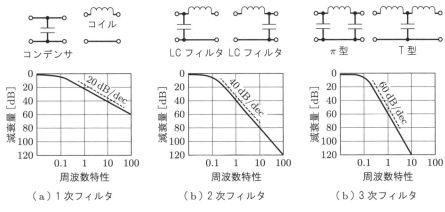

図 4.3　次数と減衰傾度

**☑次数**　　フィルタで使う $L$ や $C$ の素子の数を**次数**といいます．素子数が1つの
フィルタを1次フィルタ，2つの場合を2次フィルタ，3つの場合を3次フィルタ
といいます．図 4.3 のように，フィルタの次数が増えると減衰域での減衰量が大き
くなり，ノイズを取り除きやすくなります．3次フィルタには，**π型フィルタ**と**T
型フィルタ**があります．周辺回路のインピーダンスが高いときはコンデンサの挿入
やπ型フィルタ，低いときはコイルの挿入やT型フィルタを使うと，カットオフ
周波数が低くなってノイズの減衰量は増えます．

**☑減衰特性の傾き（減衰傾度）**　　周波数に対する減衰量の変化を**減衰傾度**といいま
す．図 4.3 (a) に示すように，1次フィルタの減衰傾度は 20 dB/dec です．［dec］は周
波数 10 倍を意味します．20 dB/dec は，周波数が 10 倍になると減衰量は 20 dB 増
える（10 倍になる）ことを意味します．図 4.3 (a)，(b)，(c) を比較すると，次数
が増えるごとに減衰傾度は 20 dB/dec ずつ増えることがわかります．

---

### 4.3　インピーダンス

　ここではフィルタを理解するために，**インピーダンス**について解説します．イン
ピーダンスとは，交流電流の流れにくさを表すものであり，直流における抵抗にあ
たります．インピーダンス $Z$ は複素数で表されます．単位は抵抗と同じ［Ω］です．
ここでは複素数を使うのを避けるため，その大きさ $|Z|$ を考えます．
　コンデンサやコイルのインピーダンスは，図 4.4 のように周波数によって変化し
ます．

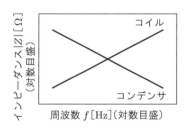

図 4.4　インピーダンス特性

**☑コンデンサのインピーダンス**　　コンデンサ容量 $C$ のインピーダンス $|Z_C|$ は，
次のように表されます．

$$|Z_C| = \frac{1}{2\pi fC} \,[\Omega] \tag{4.3}$$

ここで，$f$ は周波数です．$|Z_C|$ は，周波数が大きくなるほど小さくなります．

**✓コイルのインピーダンス**　　コイル $L$ のインピーダンス $|Z_L|$ は，次のように表されます．

$$|Z_L| = 2\pi f L\,[\Omega] \tag{4.4}$$

$|Z_L|$ は，周波数が大きくなるほど大きくなります．

　フィルタは，この $C$ や $L$ のインピーダンスが周波数によって変わる特性を利用して構成されます．

### 4.4　フィルタ回路のしくみ

　ここでは，代表的なフィルタとして，RC フィルタ，LR フィルタ，LC フィルタ[1]（ p.148 付録 A.3）について，しくみを簡単に説明します．

**✓ RC フィルタ**
- 構成：図 4.5 のように，抵抗 $R$ とコンデンサ $C$ で構成されたフィルタ回路を **RC フィルタ**とよびます．
- 減衰するしくみ：低い周波数の信号では，コンデンサ $C$ のインピーダンス $|Z_C|$ は大きいため，RC フィルタに信号を加えたときの電流はコンデンサを通らず出力に流れ出します．一方，高い周波数では，コンデンサのインピーダンス $|Z_C|$ は小さくなり，電流はコンデンサを通って戻るようになり，出力端子には流れにくくなります．そのため，フィルタの減衰量は，図 4.3 (a) のように低い周波数で小さく，高い周波数では大きくなります．このようにして，高い周波数成分を含んでいるノイズを，RC フィルタによって除去することができます．

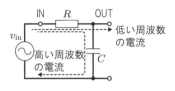

図 4.5　RC フィルタ回路

**✓ LR フィルタ**
- 構成：図 4.6 のように，抵抗 $R$ とコイル $L$ で構成されたフィルタ回路を **LR フィルタ**とよびます．

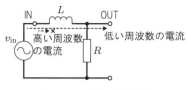

図 4.6　LR フィルタ回路

- 減衰するしくみ：低い周波数の信号ではコイル $L$ のインピーダンス $|Z_L|$ は小さくなるため，LR フィルタに信号を加えたときの電流は，コイルを通過して出力に流れ出します．一方，高い周波数では $|Z_L|$ は大きくなり，電流はコイルで遮られ，出力端子には流れにくくなります．そのため，フィルタの減衰量は，図 4.3 (a) のように低い周波数で小さく，高い周波数では大きくなります．このようにして，高い周波数成分を含んでいるノイズを，LR フィルタにより除去することができます．

☑ LC フィルタ

- 構成：図 4.7 のように，コイル $L$ とコンデンサ $C$ で構成されたフィルタを **LC フィルタ**とよびます．LC フィルタは，RC フィルタや LR フィルタより減衰量が高く，ノイズを除去しやすい特徴をもっています．

- 減衰するしくみ：低い周波数の信号では，コイルのインピーダンス $|Z_L|$ は低く，コンデンサのインピーダンス $|Z_C|$ は高くなります．そのため，LC フィルタに信号を加えたときの電流は，コイルを通過して出力に流れ出します．一方，高い周波数では $|Z_L|$ は大きく，$|Z_C|$ は小さくなり，電流はコイルで遮られ，漏れ出した電流もコンデンサを通って戻るため，出力端子には流れにくくなります．その結果，フィルタの減衰量は，図 4.3 (b) のように低い周波数で小さく，高い周波数では大きくなります．LC フィルタの減衰傾度は RC フィルタや LR フィルタと比較すると急峻であるため，より高いノイズ除去の効果が見込めます．

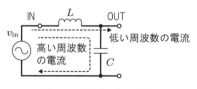

図 4.7　LC フィルタ回路

### ☑カットオフ周波数

カットオフ周波数 $f_c$ は，構成されるフィルタの抵抗 $R$，コンデンサ $C$，コイル $L$ によって，以下の式のように決定されます[1]．

RC フィルタ $\qquad f_c = \dfrac{1}{2\pi RC}$ $\hfill$ (4.5)

LR フィルタ $\qquad f_c = \dfrac{R}{2\pi L}$ $\hfill$ (4.6)

LC フィルタ $\qquad f_c = \dfrac{1}{2\pi\sqrt{LC}}$ $\hfill$ (4.7)

図 4.8 に示すように，フィルタの $C$ や $L$ の定数を大きくするとカットオフ周波数 $f_c{'}$ は低くなり，低い周波数から減衰します．反対に，$C$ や $L$ の定数を小さくするとカットオフ周波数 $f_c{''}$ は高くなります．素子の値を調整して，希望するカットオフ周波数にします．

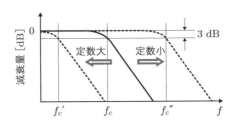

**図 4.8** LC フィルタの定数とカットオフ周波数

### 4.5 コンデンサやコイルの挿入によるフィルタ構成

電源ラインや信号ラインに，コンデンサ $C$ やコイル $L$ を挿入してノイズ対策を行うことがよくあります．この場合，挿入した $C$ や $L$ とその周辺の素子が組みあわされてフィルタが構成されます．

### ☑コンデンサの挿入によるフィルタ構成

図 4.9 (a) は，ノイズ源の回路 1 と受信部の回路 2 が線路でつながっています．そして，回路 1 で発生したノイズが回路 2 に伝わらないように，線路の途中で $C_1$ がフィルタとして挿入されています．

図 4.9 (a) のノイズが低い周波数のときの等価回路は，図 4.9 (b) のようになり，挿入された $C_1$ と回路 1 の出力抵抗 $R_1$ によって RC フィルタが構成されます．図 4.9 (a) のノイズが高い周波数のときの等価回路は，図 4.9 (c)，(d) のようになり，低い周波数では影響のなかった線路に含まれるインダクタンス成分が高いインピーダンスとなって無視できなくなります．そのため，線路の $L$ と挿入された $C_1$ により，2 次の LC フィルタや T 型フィルタが構成されます．

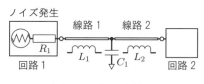

（a）コンデンサを挿入

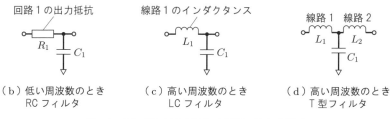

（b）低い周波数のとき　　　（c）高い周波数のとき　　　（d）高い周波数のとき
　　　RC フィルタ　　　　　　　LC フィルタ　　　　　　　T 型フィルタ

図 4.9　コンデンサの挿入によるフィルタの構成

☑コイルの挿入によるフィルタの構成　　図 4.10（a）のように，線路にコイル $L_1$ を直列に挿入することで，図 4.10（b），（c）のように，LR フィルタや LC フィルタが構成されます．回路 2 の入力インピーダンス（回路入力部のインピーダンス）は，抵抗 $R_2$ とコンデンサ $C_2$ の並列とします．$C_2$ は寄生容量であり，小さな容量値です．低い周波数では，図 4.10（b）のように $L_1$ と $R_2$ により LR フィルタが構成されます．このとき，$C_2$ は高いインピーダンスを示すため，無視されます．

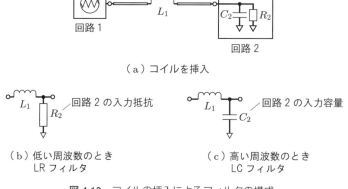

（a）コイルを挿入

（b）低い周波数のとき　　　　（c）高い周波数のとき
　　　LR フィルタ　　　　　　　　LC フィルタ

図 4.10　コイルの挿入によるフィルタの構成

　高い周波数では，$C_2$ のインピーダンスが小さくなり，ノイズ電流が $C_2$ を通るようになります．そのため，図 4.10（c）のように，$L_1$ と $C_2$ による LC フィルタが構成されます．

## 4.6 ▶ 実際のフィルタの減衰特性

　図 4.11 (a) の 2 次の LC フィルタ回路の，計算で求めた減衰特性（理想特性）と実際の試作品を測定した減衰特性を図 4.11 (b) に示します．グラフの理想特性では，周波数が高くなるにつれて減衰量は増え続けますが，実際のフィルタの特性をみると 60 dB 程度まで減衰したあと，減衰量は周波数の増加とともに徐々に小さくなります．このように，実際のフィルタの減衰量が高い周波数で減少するのは，以下の理由によるものです．

　　① コンデンサのインピーダンス特性
　　② コイルのインピーダンス特性
　　③ コンデンサにつながるグラウンド線やビア　〰 p.81 事例 23〕
　　④ 入出力線路の結合　〰 p.83 事例 24〕

このあと，①，②について解説します．③については事例 23，④については事例 24 で解説します．

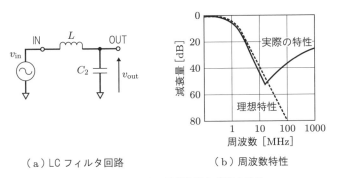

　　（a）LC フィルタ回路　　　　　（b）周波数特性
**図 4.11　フィルタの理想特性と実際の特性**

## 4.7 ▶ 実際のコンデンサのインピーダンス特性

　ここでは，コンデンサのインピーダンス特性と，それによってフィルタの減衰量が図 4.11 (b) のように高い周波数で減少する理由について説明します．

**☑ コンデンサの寄生インダクタ**　　図 4.12 のように，電解コンデンサは，電解紙を挟んで 2 枚のアルミ箔が渦状に巻かれ，電極としてリード線が取り付けられた構造をしています．このアルミ箔とリード線の部分に，わずかながらインダクタンス成分が含まれます．これを**寄生インダクタ**といいます．

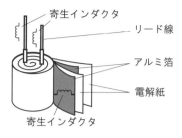

図 4.12　電解コンデンサの構造

**☑コンデンサの等価回路**　図 4.13 のように，実際のコンデンサの等価回路は，静電容量 $C_{ap}$ と直列に**等価直列インダクタンス ESL** と**等価直列抵抗 ESR** が接続された回路になります．ESL は，図 4.12 で示したリード線による寄生インダクタと構造的に発生する寄生インダクタの和です．電解コンデンサは長い電極を巻き付けた構造をしているため，電極部分がインダクタンスになり，ESL の値が大きくなります．

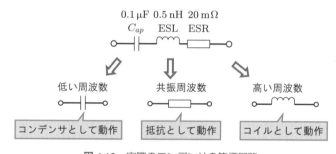

図 4.13　実際のコンデンサの等価回路

　ESR は，コンデンサで生じる損失を抵抗で表したものです．ESL は数 nH ～数十 nH，ESR は数 mΩ～数百 mΩ 程度の非常に小さな値のため，通常は無視できる値です．しかし，高い周波数では，ESL のインピーダンスが大きくなり，コンデンサはコイルとして動作します．また，共振周波数では，$C_{ap}$ と ESL のインピーダンスが打ち消しあい，ESR のみになるため，コンデンサは抵抗として動作します．

**☑実際のコンデンサのインピーダンス特性**　実際のコンデンサ 0.1 μF のインピーダンス特性について考えます．図 4.13 の等価回路で，各素子の定数は $C_{ap} = 0.1$ μF，ESL は 0.5 nH，ESR は 20 mΩ とします．

　図 4.14 に，このコンデンサの周波数対インピーダンスのグラフを実線で示します．また，コンデンサ $C_{ap}$ のみ，コイル ESL のみのインピーダンスを計算したグラフを破線で示します．10 MHz までは，周波数が高くなるにつれてインピーダン

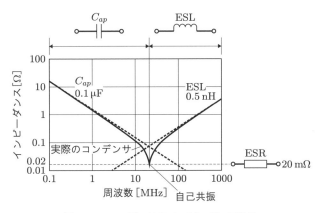

図 4.14　コンデンサのインピーダンス特性

スは小さくなります．その値は $C_{ap}$ の値に一致しており，コンデンサとして動作していることがわかります．

**22 MHz** あたりで急にインピーダンスが小さくなり，その値は ESR の値と一致しており，抵抗として動作していることがわかります．さらに周波数が高くなると，インピーダンスは周波数とともに大きくなります．その値は ESL の値に一致し，コイルとして動作していることがわかります．

**22 MHz** あたりでインピーダンスが急に小さくなるのは，LC 直列共振のためです．コンデンサは，自身がもつ ESL の影響により共振します．この現象を**自己共振**とよびます．また，それが起こる周波数を**自己共振周波数**とよびます．自己共振周波数 $f_0$ は，次の式で求められます．

$$f_0 = \frac{1}{2\pi\sqrt{LC}} \qquad (4.8)$$

ここで，$L$ は ESL，$C$ は $C_{ap}$ です．

　フィルタを構成する際，ESL は高い周波数で減衰量を低下させる原因になります．また ESR は減衰量を制限する原因となるため，これらの値が小さな部品を選びます．

## 4.8　実際のコイルのインピーダンス特性

　ここでは，コイルのインピーダンス特性と，それによってフィルタの減衰量が図 4.11 (b) のように高い周波数で小さくなる理由について説明します．

　理想のコイルは，周波数が高くなるほどインピーダンスは高くなりますが，実際のコイルは，高周波領域でインピーダンスが下がります．この現象を考えるには，コイルの浮遊容量と等価回路を知る必要があります．

**☑コイルの浮遊容量**　　図 4.15 のように，コイルの巻き線間やリード線間にはわずかな容量が生じます．これらの容量を**浮遊容量**といいます．

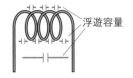

図 4.15　コイルの浮遊容量

**☑等価回路**　　実際のコイルの等価回路は，図 4.16 のようになります．図 4.15 で示した巻き線間や端子間の浮遊容量 $C$ と，巻き線の抵抗や磁芯の損失分を表す抵抗 $R$ が並列接続された回路で表されます．

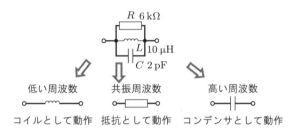

図 4.16　実際のコイルの等価回路

$C$ は小さな値，$R$ は大きな値であり，低い周波数ではどちらも電流が流れにくいためこれらは無視されます．しかし，高い周波数になると $C$ のインピーダンス $|Z_C|$ はコイルのインピーダンス $|Z_L|$ より小さくなるため，$C$ の影響が出てきます．

**☑インピーダンス特性**　　浮遊容量が $C = 2\,\mathrm{pF}$，損失抵抗が $R = 6\,\mathrm{k\Omega}$ の実際のコイル（$10\,\mathrm{\mu H}$）のコイルのインピーダンスは，図 4.17 のように，低い周波数ではコイル $L$ の理想インピーダンス $|Z_L|$（式（4.4））と一致して周波数に比例して大きくなります．しかし，$10\,\mathrm{MHz}$ を超えたあたりからインピーダンスが急に大きくなり，$35\,\mathrm{MHz}$ ではピークの $6\,\mathrm{k\Omega}$ になります．これは，$L$ と $C$ の並列共振（自己共振）によるものです．自己共振時のインピーダンスは抵抗値 $R$ に等しくなります．また，このときの自己共振周波数 $f_0$ は式（4.8）によって求められます．さらに周波数が高くなると，コンデンサのインピーダンス $|Z_C|$ がコイルのインピーダンス $|Z_L|$ より小さくなるため，コンデンサ $C$ として動作します．そして，周波数が高くなるに従って $|Z_C|$ は小さくなります．

　このようなインピーダンス特性が原因となり，フィルタの減衰量は高い周波数で

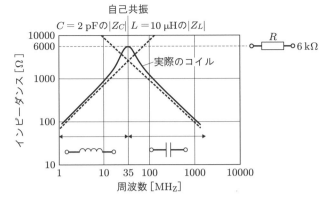

図 4.17 インダクタのインピーダンス特性

は低下します. フィルタで使うコイルは, 自己共振周波数が高い（浮遊容量 $C$ が小さい）ものを選びます.

## 4.9 フェライトビーズ

☑**フェライトビーズとは**　フェライトビーズは, コイルと同じように, 線路に挿入してノイズを除去するノイズ対策部品です. コイルは高い周波数でインピーダンスが大きくなり, 高調波のノイズを遮断します. そのとき遮断された信号は, コイルで反射して通ってきた線路を戻ります. この反射波が共振問題を引き起こし, パルス波のリンキング（📖 **p.161 付録 A.9**）やノイズ放射の原因となります. それに対して, フェライトビーズは, 高周波領域で抵抗成分をもつ素子です. ノイズのエネルギーを熱に変えて吸収するため, 反射波が発生しにくく, 上記の問題が起こりにくくなります.

☑**フェライトビーズの構造**　図 4.18 (a) のように, ディスクリートタイプのフェライトビーズは, 穴の開いたフェライト磁性体に導線を通した構造をしています. 近年は, より小型である図 4.18 (b) のチップタイプのフェライトビーズが主に使われています.

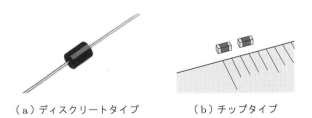

（a）ディスクリートタイプ　　　（b）チップタイプ

図 4.18　フェライトビーズ

**■フェライトビーズの等価回路と周波数特性**　　フェライトビーズの等価回路は，図 4.19 (a) のように，コイル $L$ と抵抗 $R$ の直列で表されます．図 4.19 (b) は，フェライトビーズの周波数特性です．$R$ はフェライトビーズの抵抗，$X$ は**リアクタンス**，$|Z|$ はフェライトビーズのインピーダンスの大きさです．10 MHz 以下の低い周波数ではリアクタンス成分 $X$ が支配的で，フェライトビーズはコイルとして動作します．100 MHz 付近の高い周波数では抵抗成分 $R$ が支配的になり，フェライトビーズは抵抗として動作します．そのため，フェライトビーズは，パルス波の高調波ノイズを熱に変換（吸収）して取り除きます．$X$ と $R$ が等しくなる周波数を**クロスポイント**といいます．図 4.19 のフェライトビーズのクロスポイントは 40 MHz です．インピーダンスのピークとなる周波数を自己共振周波数とよびます．クロスポイントと自己共振周波数は，フェライトビーズを選択する際の目安になります．

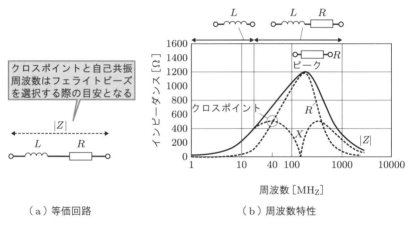

（a）等価回路　　　　　　　　　　　　（b）周波数特性

図 4.19　フェライトビーズの等価回路と周波数特性

---

| 用　語 | **リアクタンス**：リアクタンス $X$ は，交流電流の通りにくさを表す抵抗のようなものです．$L$ のリアクタンスは次の式で求められ，式 (4.4) の $|Z_L|$ と同じです． |
|---|---|

$$X = 2\pi f L$$

フェライトビーズのインピーダンス $Z$ とその大きさ $|Z|$ は，次の式で表されます．

$$Z = R + jX, \quad |Z| = \sqrt{R^2 + X^2}$$

ここで，$j$ は虚数単位です．

☑**フェライトビーズの選びかた**　メーカーでは，クロスポイントや自己共振周波数，インピーダンスの異なるさまざまな種類のフェライトビーズを用意しています．ノイズの周波数帯域に対して抵抗 $R$ が高く，信号の周波数に対してはインピーダンスの大きさ $|Z|$ が低くなるものを選びます．

☑**フェライトビーズによるリンキングの抑制**　フェライトビーズは，パルス波のリンキングを抑える効果があります．図 4.20 (a) は，パルス波の信号源と入力容量 $C$ をもつ回路 1 をマイクロストリップラインで接続したものです．線路がインダクタンス $L$ として動作し，$L$ と $C$ により LC 共振が起こります（p.159 付録 A.8）．その結果，回路 1 の測定ポイントに加わる波形では，図 4.20 (b) のようにパルスの立上がりと立下りで振動が起こります．これを**リンキング**（p.161 付録 A.9）といいます．リンキングが生じると，回路の動作が不安定になるだけでなく，ノイズの放射が大きくなります．

　線路にフェライトビーズを挿入すると，図 4.20 (c) のように，回路 1 に加わる波形はリンキングが抑えられます．また，波形の立上がり速度が緩やかになります．これらは，パルス波の高調波成分が小さく，ノイズの放射が抑えられることを意味します．

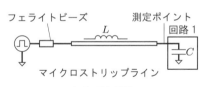

（a）測定回路

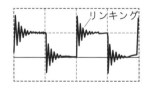

（b）フェライトビーズなしの測定結果

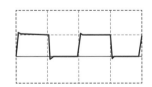

（c）フェライトビーズありの測定結果

図 4.20　フェライトビーズによるリンキング抑制

## 4.10　3 端子フィルタ

　コンデンサやコイル，フェライトビーズを使ってノイズ対策をしても効果が十分得られなかった場合は，**3 端子フィルタ**を使います．3 端子フィルタは，内部に $L$

と $C$ でフィルタが構成されており，大きな減衰量が見込めます．3 端子フィルタは，小型で安価であり，各メーカーから多くの種類が用意されています．

☑**外観と種類**　3 端子フィルタは図 4.21（a）のような外観をしており，1.6 ×0.8 mm の小さなサイズで，入力，出力，グラウンドの 3 つの端子があります．グラウンドは 2 箇所あり，両方とも回路のグラウンドに接続します．

　3 端子フィルタには，T 型フィルタとπ型フィルタがあります．図 4.21（b），（c）に T 型フィルタ，π型フィルタの内部回路を，図 4.22（a），（b）にそれぞれの減衰特性を示します．T 型フィルタは，挿入する箇所のインピーダンスが低い（数十 Ω以下）ときに効果的です．π型フィルタは，挿入する箇所のインピーダンスが高い（数百 Ω以上）ときに使用します．市販の 3 端子フィルタは，カットオフ周波数が数十 MHz ～数百 MHz まで幅広く，そして素子数が 2～5 と，数多くの種類が用意されています．

（a）外観　　（b）T 型フィルタ　（c）π型フィルタ
①，②入出力端子
③GND

図 4.21　3 端子フィルタの外観と内部回路

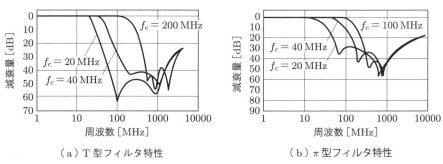

（a）T 型フィルタ特性　　　　　　（b）π型フィルタ特性

図 4.22　3 端子フィルタの特性

☑**高周波領域の減衰特性**　3 端子フィルタは急峻な減衰特性をもっていますが，高周波領域ではコンデンサやコイルのインピーダンスが理論値どおりにならない（📈 p.43 4.6, 4.7, p.45 4.8）ため，1 GHz 以上になると周波数の増加とともに減衰量が低下します．

貫通コンデンサと3端子コンデンサ

　貫通コンデンサと3端子コンデンサは，どちらも等価直列インダクタンス ESL が小さくなるようにつくられた，自己共振周波数の高いコンデンサです．そのため，高い周波数でも低いインピーダンスとして動作します．

**☑貫通コンデンサ**　　図 4.23（a）に貫通コンデンサの外観を，図 4.23（b）に回路記号を示します．①と②が入出力端子，③がグラウンドです．図 4.23（c）のように，電源線や信号線がシールドケースや筐体を貫通する箇所に挿入します．③をシールドケースや筐体にねじ止め，またははんだ付けすることで，貫通線とグラウンド間にコンデンサを形成します．

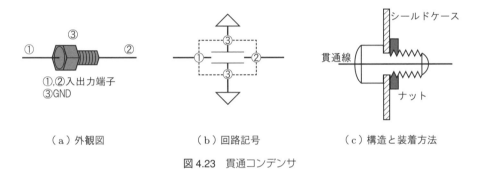

（a）外観図　　　　　　　（b）回路記号　　　　　（c）構造と装着方法

図 4.23　貫通コンデンサ

**☑3端子コンデンサ**　　貫通コンデンサをチップタイプにしたものが，図 4.24（a）の3端子コンデンサで，両脇にグラウンド端子が設けられ，ノイズをグラウンドに落としやすくしています．図 4.24（b）のように，3端子コンデンサは，信号や電源パターンの途中に装着します．

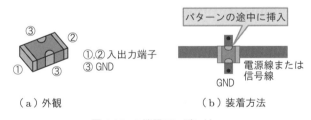

（a）外観　　　　　　　　　（b）装着方法

図 4.24　3端子コンデンサ

# トラブル事例
## 対策編

# 5 ケーブルや基板上の配線

　ケーブルや基板の配線は，システムのなかでアンテナとして動作してノイズを放射したり，受信したりしやすい箇所です．ここでは，それらに関するトラブル事例を紹介し，その対策方法を構造面から解説します．ケーブルや配線に対するノイズ対策として，フィルタやフェライトビーズを線路に挿入するのも有効な対策となりますが，それらは7，8章で解説します．

---

**事例1** 基板上でダイポールアンテナが構成される

**状況** 信号源に信号線とリターン線（グラウンドの線）が，抵抗値の大きな負荷 $R_L$ に接続されています．

---

 　信号線とリターン線が長く左右に広がっており，これらがアンテナエレメントとなっています．接続された IC の内部抵抗 $R_L$ の抵抗値は大きく，線路先端を開放とみなすと，この回路はダイポールアンテナと同じ構造です．信号は効率よく空間に放射されます．

　通常のダイポールアンテナは，エレメントの長さが $\lambda/2$（$\lambda$ は空間の波長）となる周波

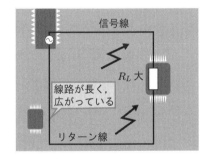

図 5.1

数の信号でよく放射していましたが，基板上ではそれより短い長さになります．これは，基板上の波長 $\lambda_g$（　p.154 付録 A.5）が $\lambda$ より短くなるためです．

---

**point** ノイズの放射（エミッション）だけでなく，ノイズの受信（イミュニティ）の問題においても同様です．

線路を短くし，リターン線を
信号線と近距離に配置します
( p.29 3.2)．

エレメントとなる線路が短いほどノイズの放射は少なくなります．

エレメントとなる2つの線路（信号線とリターン線）を近づけることで，ノイズの放射は小さくなります．

 リターン線をグランドプレーンにします．これにより信号線はマイクロストリップライン（ p.23 2.7）となり，電磁界は信号線とグラウンド間に閉じ込められ，放射されにくくなります．

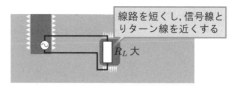

線路を短くし，信号線とリターン線を近くする

$R_L$ 大

図 5.2

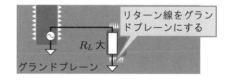

リターン線をグランドプレーンにする

$R_L$ 大

グランドプレーン

図 5.3

事例 2

---

**事例2** ケーブルの接続によってダイポールアンテナが構成される

**状況** 信号を外部の機器に伝搬するために，ケーブルを接続しています．

 ケーブルに平行ケーブルが使われているため，ケーブルがエレメントとなり，ノイズを放射します．平行ケーブルは信号線とリターン線の間隔が狭いので電磁界の放射は少し抑えられますが，ケーブルが長いと，強いノイズが放射されます．

 シールドケーブルを使用します．シールドケーブルを通る信号の電磁界は，シールドケーブル内に閉じ込められて外には漏れません
( p.21 2.6)．

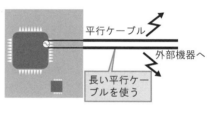

平行ケーブル

外部機器へ

長い平行ケーブルを使う

図 5.4

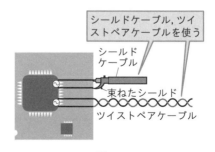

シールドケーブル，ツイストペアケーブルを使う

シールドケーブル

束ねたシールド

ツイストペアケーブル

図 5.5

ツイストペアケーブルを使用します．ツイストペアケーブルは，ケーブルをねじることで電磁界が放射されにくい構造をしています（ p.21 2.6）．

>  **関連事例** シールドケーブルの効果的な接続方法 （ p.68 事例 15, p.112 事例 47, p.114 事例 48）

### 事例3 ▶ 基板上でモノポールアンテナが構成される

> **状況** 信号源のプラス側が信号線に，マイナス側がグランドプレーンに接続されています．信号線の下はグランドプレーンになっていません．信号線はインピーダンスの大きな負荷 $Z$ に接続されており，線路先端は開放とみなせるものとします．

**原因** 信号線は長く，信号線の下にはグランドプレーンがないため，この配線はモノポールアンテナとして動作します．信号線の長さが $\lambda_g/4$ のとき，強い電波を放射します（$\lambda_g$：線路上の信号の波長）．

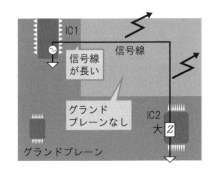

図 5.6

**対策例** グランドプレーンの上に短く配線します．信号線がマイクロストリップラインとして動作するため，ノイズの放射が抑えられます．この回路構成は，グラウンドに平行に傾けたモノポールアンテナ（ p.32 3.3）と考えることもできます．

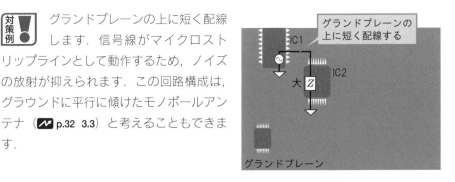

図 5.7

**事例4** ケーブルの接続によってモノポールアンテナが構成される

**状況** 信号源の信号を，離れたところにある負荷 $R_L$ にケーブルを使って接続しています．負荷 $R_L$ は大きく，先端は開放とみなせるものとします．

**原因** 信号源のグラウンドが筐体または地面に**接地**されています．この構造は，ケーブルがエレメント，そして筐体や大地がグラウンドとなるモノポールアンテナ（ **p.32 3.3**）と同じになります．信号線の長さが λ/4 のとき，強い電波を放射します（λ は空間での波長）．

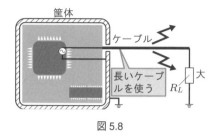

図 5.8

**用 語** 接地：大地や筐体など，基準電位となる大きな導体に接続すること．

**対策例** ケーブルを短くし，さらにツイストペアケーブルを使用します．ツイストペアケーブルの代わりにシールドケーブルを使っても効果があります．

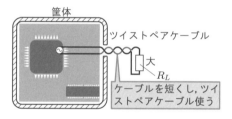

図 5.9

**事例5** 基板上でループアンテナが構成される

**状況** 信号源である IC1 と受信回路 IC2 を，基板上の線路で接続しています．IC2 の内部抵抗は $R_L$，端子間容量は $C$ とします．

**原因** 内部抵抗 $R_L$ が小さい場合は信号線に電流が流れて，配線はループアンテナとして動作します．信号線とリターン線は長く，そして離れているため，電流のループ面積が大きくなります．そのため，配線は効率のよいループアンテナとして動作し，ノイズが放射されます（ **p.33 3.4**）．

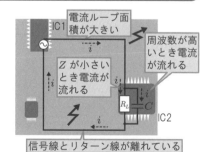

図 5.10

$R_L$ が大きな値であっても，高い周波数の信号は端子間容量 $C$ を通って電流が流れます．そのため，この回路は，高い周波数の信号に対してループアンテナとなります．

 信号線とリターン線を近づけて，また受信回路 IC2 を信号源 IC1 に近づけて電流のループ面積を小さくします．そのようにすることで，ループアンテナからノイズは放射されにくくなります．

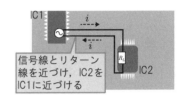

図 5.11

 リターン線をグランドプレーンにします．グランドプレーンにすると，グランドプレーンを流れるリターン電流は信号線の下を通ります[2]．その結果，電流ループ面積は小さくなり，電磁界の放射は小さくなります．

また，グランドプレーンにすると，線路の構造はマイクロストリップラインとなります．電磁波は線路内に閉じ込められるため，外部に漏れにくくなります．

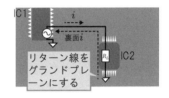

図 5.12

**事例6** ケーブルの接続によってループアンテナが構成される

**状況** 信号源と離れたところにある抵抗値の小さい負荷 $R_L$ をケーブルで接続しています．

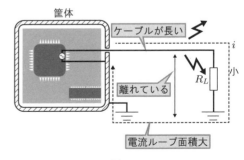 信号線が，リターン線として使う筐体や地面から離れています．さらに，信号源と負荷を接続するケーブルが長くなっています．そのため，電流ループ面積が大きくなり，ノイズの放射が大きくなります．

図 5.13

リターン線を信号線に沿わせて戻すとともに，ケーブルを短くします．これにより，ループ面積が小さくなり，ノイズの放射が少なくなります．

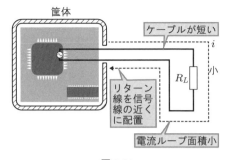

図 5.14

---

その他の対策 ケーブルにシールドケーブルやツイストペアケーブルを使うのも効果があります．

---

### 事例7 部品間の配線やリード線がアンテナとなる

**状況** トランジスタを使った増幅回路で，部品間が広く，すべての配線が長くなっています．

 トランジスタを使った増幅回路では，ベースに接続された長い配線①が受信アンテナとして動作するため，外部ノイズを受信しやすくなります．そして，増幅回路の入力部にノイズが乗るとそのノイズは増幅されて出力されるため，大きな影響が出ます．また，ディスクリート部品を使用すると，リード線によりノイズの影響を受けやすくなります．さらに，入力端子にケーブルを接続すると，ベースに接続される線路は著し

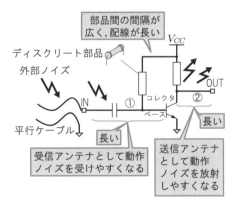

図 5.15

く長くなるため，ノイズの影響をいっそう受けやすくなります．

　出力部においては，コレクタと出力端子間の配線②が長くなっています．コレクタ部は電流が多く流れ，かつ電圧の変化が大きいため，ノイズが発生しやすい箇所です．出力部の配線は送信アンテナとして動作するため，長くするとノイズが放射されやすくなります．

　出力端子にケーブルを接続すると，さらにノイズは大きくなります．

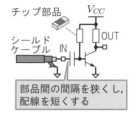

図 5.16

対策例 ❗ 部品の間隔を狭くし，配線を短くしてコンパクトにつくります．チップ部品を使用して，リード線の影響をなくします．入力端子にはシールドケーブルを接続して，外部ノイズが入力部に入らないようにします．

point 増幅回路はノイズの影響を受けやすいため，部品のレイアウトや配線の長さに気を付ける必要があります．とくに，トランジスタのベースに流れたノイズ電流は，数百倍に増幅されて出力に流れるため，ベース部の配線にはノイズが乗らないように注意が必要です．

# 6 空間伝導

ノイズの伝搬経路として，空間伝導と導体伝導があります．ここでは，基板上で発生したノイズが，空間伝導によってほかの回路に伝わる現象について解説します．その後，シールド板やシールドケースを使ったノイズ対策の方法について解説し，最後にシールドケーブルとコネクタについて解説します．

## 事例8 ▶ 基板上で発生したノイズが周辺の回路に伝わる

**状況** 基板上で，パルス波のノイズ源 $V_1$ につながる線路１と，受信回路の負荷 $Z_2$ につながる線路２が，近くに配線されています．

**原因❓** 線路１と線路２が，間隔が狭い状態で平行に配置されているため，線路１で発生するノイズが線路２に伝わり，線路２にはノイズ電流が流れ，そして負荷 $Z_2$ へ流れます．この現象を**クロストーク**といいます．

この事例は，電波の伝わるシステム（💨 p.28 3.1）と同じ構造をしています．線路１が送信アンテナ，線路２が受信アンテナとなり，ノイズ信号は次のように伝わります．

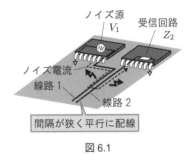

図 6.1

ノイズ源 ➡ 線路１（送信アンテナ）➡ 空間 ➡ 線路２（受信アンテナ）➡ 負荷

線路間が狭い箇所が長くあるほど，線路２に発生するノイズの強度は大きくなり，クロストークの影響は強まります（💨 p.10 2.1）．

線路1と線路2を離して配線し，線路間の電磁界を結合しにくくします．

クロストークは裏面の配線に対しても起こります．クロストークの影響を受けるようであれば，裏面の線路と表面の線路を離すように配線する必要があります．

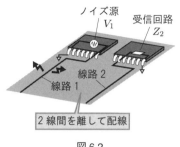

図 6.2

ノイズ源 $V_1$
受信回路 $Z_2$
線路2
線路1
2 線間を離して配線

 限られたスペースにレイアウトする必要があり，線路間を物理的に離すことができない場合は，線路間にシールド板（🔁 **p.15 2.3**）を挿入します．シールド板は，線路1で発生したノイズをせき止めて，線路2に伝わるのを防ぎます．基板の裏面はグランドプレーンにして，シールド板をグランドプレーンと隙間ができないように接続します．

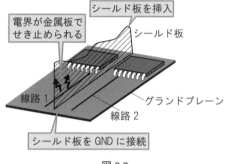

シールド板を挿入
電界が金属板でせき止められる
シールド板
線路1
線路2
グランドプレーン
シールド板を GND に接続

図 6.3

---

**事例9** シールド板を入れてもノイズが減衰しない

**状況** 2つの線路間にシールド板を挿入してクロストーク対策（🔁 **p.61 事例8**）しています．

---

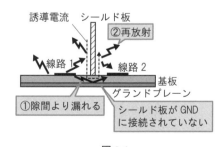 シールド板がグラウンドに接続されていなかったり，グラウンドに接続されている箇所が少なく，グラウンドとシールド板の間で隙間が空いていたりすると，ノイズが隙間を通って線路2に漏れます①．また，ノイズがシールド板に当たったときに発生する誘導電流（🔁 **p.15 2.3**）がシールド板の反対面に流れ込み，そこからノイズを再放射します②．シールド板とグラウンドを大き

誘導電流　シールド板
②再放射
線路1　　線路2
基板
グランドプレーン
①隙間より漏れる
シールド板が GND に接続されていない

図 6.4

な隙間ができないように接続しないと，十分なシールド効果が得られないばかりか，逆にクロストークの影響が大きくなることすらあります．

 シールド板はグラウンドに接続されていますが，グラウンドが小さいため，シールド板に当たって発生した誘導電流がシールド板の反対側に流れ込んだり①，線路1で発生したノイズが基板の裏面で結合したり②して，シールド板のシールド効果が十分に得られません．

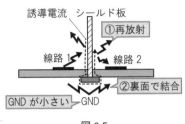

図 6.5

 シールド板の足の部分を，基板の裏面にあるグランドプレーンにはんだ付けして取り付けます．線路1で発生したノイズは，グランドプレーンとシールド板でシールドされるため，線路2に伝わりにくくなります．さらに，シールド板の足の間隔を狭く，シールド板とグランドプレーン間にある基板による隙間を小さくして，シールドの遮断効果を高めます．

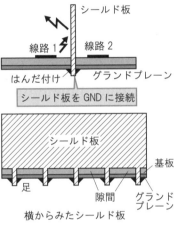

図 6.6

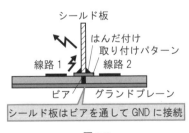 シールド板を基板表面の取り付けパターンにはんだ付けして固定します．そして，取り付けパターンとグランドプレーンは，ビア（スルーホールともいいます）を通して接続します．ビアとビアの間隔を狭くして，ビア間よりノイズが漏れないようにします．

図 6.7

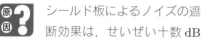 **事例10** シールド板をグラウンドに接続してもノイズが減衰しない

**状況** 線路1で発生したノイズが線路2に伝わらないように，シールド板を使用してクロストーク対策をしています．

 　シールド板によるノイズの遮断効果は，せいぜい十数 dB 程度と実はあまり効果が大きくなく，対策としては十分でない場合があります．シールド板が十分に大きければ高いシールド効果を示しますが，実際はシールド板に当たったときに発生する誘導電流がシールド板の端部より反対面に流れ，そこでノイズを再放射します．

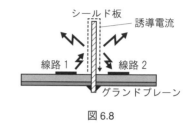

図 6.8

 　シールド板より大きなシールド効果を得るために，ノイズ源をシールドケースで囲います．ノイズ源が金属で囲われているため，ノイズはシールドケースの外に漏れることはありません．シールドケースによるシールド効果は 50 dB 以上あり，シールド板よりもはるかに大きなノイズの遮断効果があります．

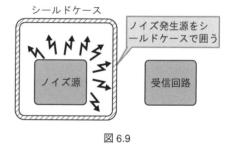

図 6.9

　受信回路をシールドケースで囲っても，同様の効果が得られます．ノイズはシールドケースの内部には入れません．

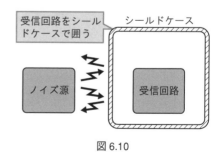

図 6.10

**事例11** シールドケースの穴からノイズが漏れる

> **状況** ノイズ源はシールドケースで囲われています．シールドケースには配線を通すための穴が開いています．

配線やケーブルを通すためのシールドケースに開けられた穴から，ノイズが漏れ出しています．シールドケースは，対象物を完全に覆うことで高いシールド効果を発揮しますが，実際のシールドケースには信号線や電源線を通すための穴が必ず必要となります．ノイズはそこから漏れ出します．開いている穴が大きいほど，ノイズは漏れやすくなります．

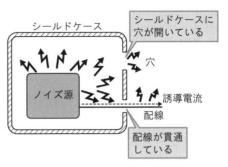

図 6.11

また，配線がシールドケースの穴を貫通しているため，シールドケース内の配線で受信したノイズが誘導電流となって配線に流れてシールドケース外部に伝わります．

シールドケースの穴をなるべく小さくするか，導電性テープ（ p.117 事例 50）などの導体でふさぎます．穴を小さくするほど，ノイズの漏れは小さくなります（ p.167 付録 B.4）．

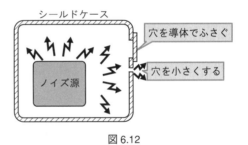

図 6.12

貫通する配線のノイズ対策においては，穴を小さくしてもあまり効果がないため（ p.118 事例 51），フィルタを挿入します．フィルタには貫通コンデンサや 3 端子コンデンサ（ p.51 4.11），3 端子フィルタ（ p.49 4.10）を用います．

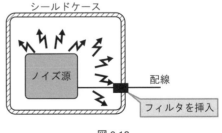

図 6.13

**事例12** シールドケースの取り付けかたが悪いため，ノイズが漏れる

**状況** 基板上の線路より放射されるノイズを，シールドケースによって遮断しています．

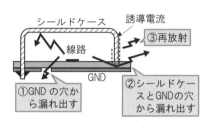

図 6.14

シールドケースを基板に取り付ける際は，シールド板の取り付けと同様に，グラウンドに隙間なく接続します．シールドケースとグラウンド間に隙間があると，そこからノイズが漏れ出し，十分なシールド効果が得られません．図 6.14 のシールドケースでは，次の 3 つの理由で，ノイズが漏れます．

① 底面のグラウンドに穴があり，ノイズはその穴から漏れます．

② シールドケースの右側がグラウンドに接続されていないため，グラウンドとシールドケースの隙間（誘電体部）からノイズが漏れ出します．

③ ノイズがシールドケース内部に当たって発生した誘導電流が，シールドケースの外部に流れ出し，その電流によってノイズが再放射されます．

 図 6.15 のように周囲を完全に導体で囲うと，電磁波の漏れる隙間がありません．基板の裏面はグランドプレーンとなっており，底面からのノイズの漏れを防いでいます．シールドケースの左側は，シールドケースに足を付けて，その足を裏面のグランドプレーンにはんだ付けして接続しています．シールドケースの右側は，ビアを使ってグランドプレーンに接続しています．シールドケースの足やビアの間隔を狭くして，ノイズの漏れが少なくなるようにします．

図 6.16 は，シールドケースと基板をビアで接続した 3D 構造の図です．

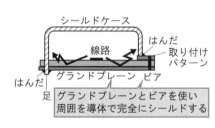

図 6.15

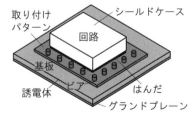

図 6.16

> **状況** シールドケースをかぶせると，シールドケース内でクロストークが発生します．

原因? シールドケースをかぶせると，シールドケース内で反射が起こるため，反射波の影響によりシールドケースがないときよりもクロストークは大きくなります．図6.17 では，線路 1 で発生した反射波がシールドケースで反射して線路 2 に入っています．

シールドケース内で反射波の影響を受ける
シールドケース
線路 1　線路 2
グランドプレーン

図 6.17

**関連事例** シールドケースをかぶせると，特定の周波数のみクロストークが大きくなる場合があります．この原因としては，空洞共振（📈 p.166 付録 B.2）が考えられます．

対策例❶ 線路 1 と線路 2 の間に，シールド板を挿入します．シールド板の上部はシールドケースに，下部はグランドプレーンにはんだ付けします．このようにすることで，左右に 2 つのシールドケースが構成され，非常に有効なクロストーク対策になります．

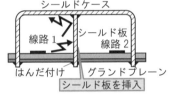

シールドケース
線路 1　シールド板
線路 2
はんだ付け　グランドプレーン
シールド板を挿入

図 6.18

対策例❷ 電波吸収シート（📈 p.25 2.9）をシールドケースに貼ると反射波が減衰するため，クロストークを軽減できます．

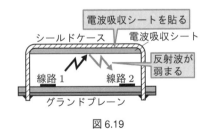

電波吸収シートを貼る
シールドケース　電波吸収シート
反射波が弱まる
線路 1　線路 2
グランドプレーン

図 6.19

**事例14** シールドケースを貫通するケーブルからノイズが漏れる

**状況** それぞれをシールドケースで囲んだ信号源と負荷をケーブルで接続しています.

ノイズは，シールドケースを貫通する配線やケーブルから漏れます（ のように示す **p.65 事例11**）．ケーブルは長い金属線であるため，効率のよいアンテナになりやすく，ノイズをよく放射します.

図 6.20

> **point** エミッションにおいてはケーブルが送信アンテナとなり，ケーブルからノイズを放射します．一方，イミュニティにおいてはケーブルが受信アンテナとなり，外来ノイズの影響を受けます.

シールドケーブルを使用します．回路全体がシールドされた構造となり，ノイズがシールド外部に漏れない，または外部ノイズがシールド内部に侵入しない構造になります.

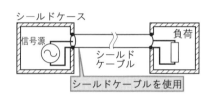
図 6.21

 **事例15** シールドケーブルとシールドケースの接続部からノイズが漏れる

**状況** シールドケーブルとシールドケースを使用（ のように示す **p.68 事例14**）しても，ノイズが発生しています.

シールドケーブルがシールドケースに電気的に接続されていないため，シールドケーブルとシールドケース間に隙間ができ，シールドケース内で発生したノイズが隙間から外部に漏れます①．また，シールドケーブルの外部導体（金属網線）は，束ねて基板のグラウンドに接続されています．この束ね

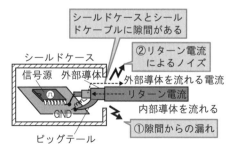
図 6.22

た網線は，豚のしっぽの形に似ているため，**ピッグテール**とよばれます．ピッグテールはわずかなインダクタンス成分をもっているので，シールドケーブルの外部導体の内側を通って戻ってきた高周波電流（リターン電流）は基板のグラウンドに流れにくくなります．そして，その高周波電流の一部はシールド線の外部導体を流れ，それがノイズとして放射されます② （ p.112 事例 47）．

 コネクタを使ってシールドケースとシールドケーブルを接続することで，回路は完全なシールド状態になり，ノイズが漏れなくなります．シールドケース側をコネクタのメス，ケーブル側をコネクタのオスにして接続します．コネクタを使用するとケーブルを隙間なく接続でき，かつケーブルの脱着が容易にできます．

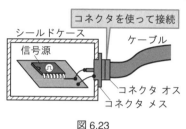

図 6.23

 シールドケーブルの外部導体を隙間なくシールドケースにはんだ付けすることで，コネクタを使用せずに完全にシールド状態にすることができ，ノイズが漏れなくなります．ただし，この方法では，シールドケーブルの脱着ができなくなります．

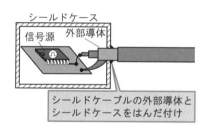

図 6.24

 シールドケーブル線を直接基板に接続しなければならない場合は，ピッグテールの長さを短くしてインダクタンス成分を小さくしたり，シールドケーブルのグラウンドを基板のグラウンドに低インピーダンスで接続したりします．**アースクランプ**を使うと，シールドケーブルのグラウンドを基板のグラウンドに低インピーダンスで簡単に接続することができます．

図 6.25　アースクランプ
[写真提供：星和電機(株)]

> **point**　信号線が1本であれば，BNC コネクタや SMA コネクタがよく使われます．複数の信号線を含むシールドケーブルであれば，DIN コネクタが使われます．コネクタのメスは，フランジ部をシールドケースに隙間なく接続（接地）させます．

フランジ　　　　　　　　フランジ　　　　　　　　フランジ

メス　　　　　　　　　　メス　　　　　　　　　　メス

オス　　　　　　　　　　オス　　　　　　　　　　オス

（a）BNC コネクタ　　　（b）SMA コネクタ　　　（c）DIN コネクタ

図 6.26　コネクタの種類

---

**事例16** コイルから発生するノイズの影響を受ける

**状況** 基板上にコイルと受信回路が配置されています．コイルに交流電流を流すと，開口部よりノイズが発生し，それが周辺の部品に影響を与えることがあります．

**原因?** 電線に電流を流すと，右手の法則の方向に磁界が発生します．コイルの内部では線路で発生したすべての磁界が強めあい（図 6.28），反対に，外側では反対側の線路より発生した磁界と反対向きになるため弱めあいます．図 6.28 (b) は巻き数が 5 ターンのソレノイドコイルです．電流が流れると，コイルの空洞部と開口部周辺には強力な磁界が発生します．コイルから発生する磁界は，そこに流れる電流 $i$ と巻き数 $N$，コイルの円の面積 $S$ が大きいほど，大きくなります．図 6.28 のコイルから発生するノイズの放射パターンは，ループアンテナ（**p.33 3.4**）と同じです．

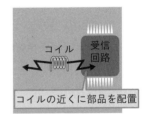

コイル　受信回路

コイルの近くに部品を配置

図 6.27

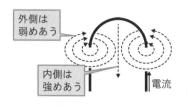

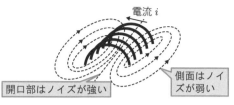

（a）ループ形状の磁界　　　　　　（b）ソレノイドコイルの磁界

図 6.28　コイルから発生する磁界

対策
例①
受信回路とコイルを離して配置すること
で，コイルからのノイズの影響を小さく
することができます．

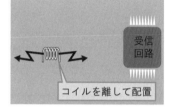

図 6.29

対策
例②
コイルの向きを変えて，磁界の強い開口
部方向を受信回路に向けないようにする
ことで，ノイズの影響を小さくすることができま
す．

図 6.30

---

その他
の対策
コイルにシールドケースをかぶせることによって，コイルから発生する
ノイズを遮断します．

---

point
リレーは内部にコイルが入っており，動作せると強力なノイズを発生し
ます．また，コイルのほかにも，ノイズを発生しやすい部品があります．
スイッチング電源や発振モジュール，CPU などもノイズ源となるため，受信回路か
ら離して配置する必要があります．

<table>
<tr><td>**7**</td><td>**導体伝導とフィルタ**</td></tr>
</table>

導体を伝わるノイズ（導体伝導ノイズ）対策は，フィルタを挿入して行います．ここでは，導体伝導ノイズやフィルタを使用する際に起こるトラブル事例について解説します．その後，導体伝導ノイズの対策でよく使われる，フェライトビーズや3端子フィルタについて解説します．

なお，ここでは，フィルタ回路のしくみや，減衰特性などのフィルタの基礎知識（📈 p.36 4章）を理解しているものとして説明しています．

### 事例17 基板上の配線やケーブルからノイズが発生する

**状況** パルス波の信号源に，線路（基板上の配線やケーブル）を直接接続しています．

**原因❓** 信号源につながる線路は，高い周波数の信号に対して効率のよい送信アンテナとして動作します（📈 p.28 3.1）．周波数の奇数倍の高調波成分を含んでいるパルス波（📈 p.19 2.5）を線路に加えると，高周波成分がノイズとして空間によく放射されます．

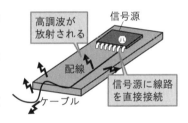

図 7.1

**対策例❗** 信号源と線路の間にフィルタを挿入します．高調波成分がフィルタによって減衰するため，線路よりノイズが放射されにくくなります．この際，フィルタを信号源の近くに配置すると効果的です（📈 p.84 事例 25）．

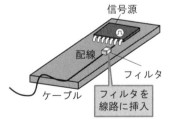

図 7.2

**point** フィルタには，3端子フィルタ，3端子コンデンサ，LCフィルタ，コイル，コンデンサ，フェライトビーズなどがあります（📈 p.36 4章）．

## 事例18 基板上の配線やケーブルでノイズを受信する

**状況** 基板上の受信回路の入力端子に，線路（配線やケーブル）が直接接続されています．

 受信回路に線路を接続すると，線路が受信アンテナとして動作して飛来した外部ノイズを受信するため，受信回路の入力端子にノイズ電圧が加わります．また，基板上の配線は高い周波数のノイズを受信しやすいため，受信回路の入力端子に高い周波数のノイズが加わりやすくなります．

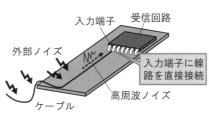

図 7.3

 受信回路と線路の間にフィルタを挿入します．外部ノイズを受信して発生したノイズはフィルタで遮断されるため，受信回路の入力端子には加わりにくくなります．

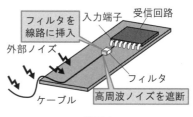

図 7.4

## 事例19 カットオフ周波数が高いフィルタを使用するとノイズが減衰しない

**状況** 線路から放射される高調波を減衰するために，信号源に接続された配線上にフィルタを挿入しています．フィルタを挿入しているにもかかわらず，配線からノイズが放射されています．

信号源のパルス波の周波数 $f_0$ に対し，フィルタのカットオフ周波数 $f_c$（ p.39 4.4）を 11 倍にしているため，パルス波の高調波成分の電流が線路に流れます．そして，それがノイズとなって線路から放射されます．

信号源からフィルタに入力される波形とそのスペクトラムを図 7.6 (a) に示します．パルス波信号は，$f_0$ の成分とその奇数倍（$3f_0$, $5f_0$, $7f_0$, ...）である

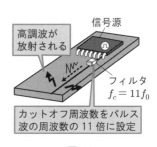

図 7.5

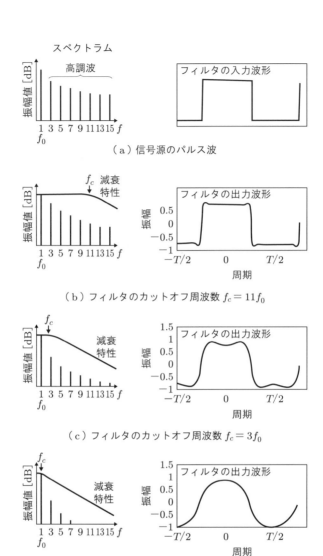

**図7.6** フィルタのカットオフ周波数に対するパルス波のスペクトルと波形

高調波成分を含んでいます（ **p.19 2.5**）．図 7.6（b）〜（d）は，フィルタの出力波
形とそのスペクトラムです．図 7.6（b）のように，パルス波の周波数 $f_0$ に対してフィ
ルタのカットオフ周波数 $f_c$ が 11 倍のときは，3〜11 倍の高調波はほとんど減衰せ
ずにフィルタを通過します．また，13 倍以上の高調波も，減衰が十分ではありま
せん．

カットオフ周波数 $f_c$ をパルス波の周波数 $f_0$ の 3 倍（$3f_0$）付近に設定します．フィルタの減衰特性とフィルタから出力される信号のスペクトラムは，図 7.6（c）のようになります．パルス周波数の 5 倍以上の高調波が減衰されます．

ただし，$f_c$ を低く設定しすぎると，図 7.6（d）のようにフィルタの出力波形がなまります．この問題に関しては，事例 20 で解説します．

カットオフ周波数をパルス波の周波数の 3 倍に設定

図 7.7

---

**事例20** フィルタを挿入すると回路が正しく動作しなくなる

**状況** パルス波の信号源と受信回路が離れた場所に配線で接続されており，ノイズが発生しないように，カットオフ周波数 $f_c$ とパルス波の周波数 $f_0$ を同じに設定したフィルタが配線に挿入されています．

 パルス波の高調波がフィルタで減衰されるため，フィルタの出力の信号は正弦波に近くなります（**↗ p.73 事例 19**）．受信回路（ロジック回路）でこの波形を受信すると，波形の HI/LO を正しく判別できずに，誤動作が生じる可能性があります．

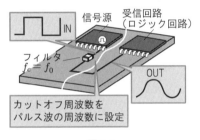

カットオフ周波数をパルス波の周波数に設定

図 7.8

 カットオフ周波数 $f_c$ を，パルス波の周波数 $f_0$ の 3 倍付近に設定します．フィルタの出力波形はパルス波に近い波形になるため，受信回路（ロジック回路）は誤動作しにくくなります．

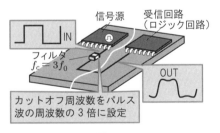

カットオフ周波数をパルス波の周波数の 3 倍に設定

図 7.9

$f_c$をさらに低い周波数に設定すると，フィルタから出力される信号のレベルは小さくなり，誤動作の問題はさらに深刻になります．一方，$f_c$を大きくしすぎると，高調波が減衰しにくくなるため，ノイズが発生しやすくなります．高調波の減衰問題と波形のなまり問題は，いずれもフィルタのカットオフ周波数 $f_c$ によって決まり，これらの問題はトレードオフの関係にあります．そのため，カットオフ周波数は，システムの要求に応じて決められます．通常，カットオフ周波数は $f_0$ の 3 ～ 5 倍に設定します．

---

**事例21** コンデンサを入れてもノイズが減衰しない

**状況** パルス発生源に線路が接続されており，ノイズ対策用のフィルタとしてコンデンサが線路とグラウンド間に接続されています．コンデンサはディスクリート（リード線付き）の電解コンデンサまたはセラミックコンデンサです．

 電解コンデンサは高い周波数ではコイルとして動作するため，電解コンデンサを入れても高い周波数のノイズは減衰しません．線路から高周波のノイズが発生します．

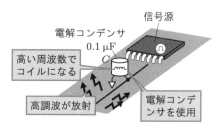

図 7.10

 ディスクリートのセラミックコンデンサのリード線は高い周波数ではコイルとして動作するため，ディスクリートのセラミックコンデンサを入れても高い周波数のノイズは減衰しません．線路から高周波のノイズが発生します．

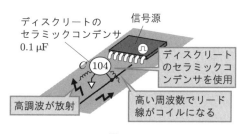

図 7.11

コンデンサをチップセラ
ミックコンデンサに変更す
ると，ノイズとなるパルス波の高周
波成分は，フィルタで減衰されやす
くなります．線路からノイズはほと
んど放射されません．

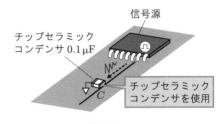

信号源
チップセラミック
コンデンサ 0.1 μF

チップセラミック
コンデンサを使用

図 7.12

詳しい
解説 コンデンサの種類によってノイズが線路から放射されるのは，その種類に
よってインピーダンス特性が異なり，フィルタの減衰特性に違いが出るた
めです．

☑コンデンサの種類によるインピーダンス特性の違い　実際のコンデンサは，自
己共振周波数以上では周波数とともにインピーダンスが大きくなります（〰 p.43
4.7）．電解コンデンサ，ディスクリートのセラミックコンデンサ，チップセラミッ
クコンデンサのインピーダンス特性は，図 7.13 のようになります．容量はどのコ
ンデンサも 0.1 μF ですが，電解コンデンサは 3 種類のなかで自己共振周波数がもっ
とも低く，高周波領域においてインピーダンスが大きくなります．チップセラミッ
クコンデンサは自己共振周波数がもっとも高く，高周波領域でインピーダンスが小
さくなります．

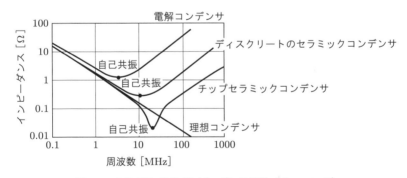

図 7.13　コンデンサのインピーダンス特性（$C = 0.1\ \mu F$）

　コンデンサの種類によって構造が異なるために，このようなインピーダンス特性
の違いが生じます．とくに，電解コンデンサは電極板が長く ESL が大きいため，
自己共振周波数が低くなり，高周波領域では高いインピーダンスになります．また，
ディスクリートのセラミックコンデンサは，コンデンサのリード線（足の部分）が
インダクタンスになります．

### ☑周波数で異なる形態を示す RC フィルタ　　コンデンサ $C_2$ の挿入によって，図 7.14 のようなフィルタが構成されます．$R_1$ は信号源の出力抵抗です．

（a）自己共振より低い周波数　　　　　　　　　　（b）自己共振より高い周波数

図 7.14　周波数により異なる形態を示す RC フィルタ

　自己共振周波数より低い周波数のときは，図 7.14（a）のように，$R_1$ と $C_2$ で RC フィルタが構成されます．そのため，周波数が高くなるほど $C_2$ のインピーダンスは小さくなり，ノイズ電流は $C_2$ を通って戻りやすくなり，ノイズの減衰量は大きくなります（📖 p.39 4.4）．

　一方，コンデンサ $C_2$ の自己共振周波数より高い周波数のときは，図 7.14（b）のようになり，$C_2$ はコイルとして動作します．そのため，周波数が高くなるほどそのインピーダンスは大きくなり，ノイズ電流は $C_2$ を通りにくくなります．その結果，ノイズ電流はフィルタを通過して，減衰量は小さくなります．

### ☑コンデンサの種類による減衰特性の違い　　各コンデンサと理想コンデンサにおける減衰特性は，図 7.15 のようになります．各コンデンサの容量 $C$ は，0.1 μF です．理想コンデンサを使ったフィルタでは，周波数が高くなるにつれて減衰量は大きくなりますが，実際のコンデンサでは，自己共振周波数以上になると，周波数が増加するにつれて減衰量が小さくなります．とくに，電解コンデンサを使ったフィルタにおいては，高い周波数で減衰量は低下します．一方，チップセラミックコンデンサを使ったフィルタは，3 つのなかでもっとも減衰量が大きくなります．これは，図 7.13 で示したインピーダンス特性の違いによるものであり，$C_2$ のインピーダンス

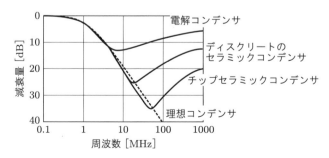

図 7.15　コンデンサの種類による減衰特性の違い（$C = 0.1$ μF）

が小さいほどフィルタの減衰量は大きくなります.

このように，電解コンデンサやディスクリートのセラミックコンデンサで構成されたフィルタは，高い周波数領域では減衰量が小さくなるため，フィルタに入力されたパルス波の高調波は線路から放射されやすくなります.これらの理由より，フィルタにはチップセラミックコンデンサがよく使われます.

**事例22** コイルを挿入してもノイズが減衰しない

**状況** 信号源に接続される線路に，ノイズ対策として汎用コイル $L$ を挿入しています.

 汎用コイルを使っているため，高周波数のノイズがコイルで遮断されず，線路からノイズが放射されます.

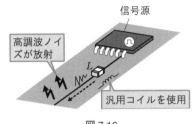

図7.16

 コイルを高周波用コイルに変更します.高周波用コイルを使ったフィルタは，高い周波数のノイズを遮断するので，線路からノイズが放射されにくくなります.

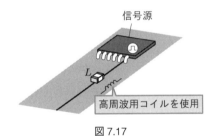

図7.17

**☑汎用コイルと高周波用コイルのインピーダンス特性** コイルの種類によりインピーダンス特性が異なるため，ノイズの発生に違いが出ます.コイルのインピーダンス特性は図7.18のようになり，理想的なコイルでは周波数が高くなるにつれて大きくなりますが，実際のコイルでは自己共振周波数より高い周波数では逆に低くなります.（ p.45 4.8）.

コイルの自己共振周波数は製造方法により異なり，図7.18のように，高周波用のコイルでは 300 MHz と，汎用コイルの 70 MHz よりも高くなります.したがって，高い周波数領域におけるインピーダンスは高周波用コイルのほうが大きくなります.

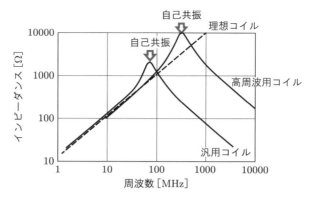

図 7.18　コイルのインピーダンス特性

☑**等価回路**　線路にコイル $L_1$ を挿入すると，図 7.19 のように，$L_1$ と負荷 $R_2$ とで LR フィルタが構成されます．自己共振周波数より低い周波数では，$L_1$ は図 7.19 (a) のようにコイルとして動作し，周波数が増加するにつれてインピーダンスが高くなり，信号が遮断されやすくなります．

（a）低い周波数のとき　　（b）高い周波数のとき

図 7.19　コイルを挿入した際に構成される LR フィルタ

　反対に，自己共振周波数より高い周波数では，$L_1$ は図 7.19 (b) のようにコンデンサとして動作し，周波数が増加するにつれてインピーダンスが小さくなり，信号が通過しやすくなります．

☑**フィルタの減衰量**　コイルを使ったフィルタの減衰特性は図 7.20 のようになります．減衰量は，理想コイルでは周波数が高くなるにつれて大きくなりますが，実際のコイルでは，コイルの自己共振周波数以上になると，周波数の増加につれて小さくなります．減衰量は，汎用コイルのほうが高周波用コイルより小さくなります．これは，図 7.18 のインピーダンス特性によるものです．汎用コイルを使ったフィルタでは，入力されたパルス波の高調波が十分に減衰されないため，線路から高調波成分がノイズとして放射されます．

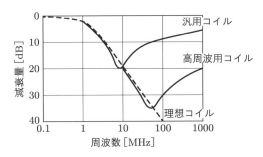

図 7.20 コイルの違いによるフィルタの減衰特性

---

事例23 チップセラミックコンデンサを挿入してもノイズが減衰しない

状況 信号線上のノイズを減衰させるため，チップセラミックコンデンサを信号線とグラウンド間に挿入しています．信号線とグラウンドへの接続は，取り付けパターンとビアが使われています．

 チップセラミックコンデンサは，ESL が小さいため自己共振周波数が高く，高い周波数でもコンデンサとして動作します（♬ p.76 事例21）．しかし，基板への取り付けかたが悪いと，ノイズの減衰量は低下します．取り付けパターンとビアがコイルとして動作し，それがコンデンサの自己共振周波数を下げるためです．

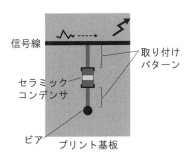

図 7.21

 取り付けパターンを最短にし，さらにビアをコンデンサの真下または左右に複数配置します．また，ビアを内層のグランドプレーンに接続し，ビアの長さが短くなるようにします（♬ p.123 事例56）．

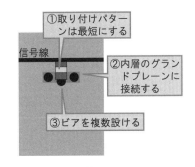

図 7.22

コンデンサを基板上に取り付けた際のパターンとその等価回路は，図 7.23 のようになります．コンデンサの両端の取り付けパターンのインダクタンスを $L_1$ と $L_2$，ビアのインダクタンスを $L_{via}$，コンデンサに含まれる寄生インダクタンスを $L_{ESL}$ とすると，コンデンサと直列に構成されるインダクタンスの総和 $L_{ALL}$ は，すべてのインダクタンスを加えた $L_{ALL} = L_1 + L_2 + L_{via} + L_{ESL}$ となります．

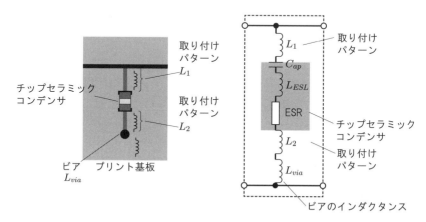

**図 7.23　ビアと取り付けパターンの等価回路**

基板の厚み 1.6 mm，パターン（幅 1 mm，長さ 1 mm）のとき，そのインダクタンスは 1 nH 程度です．また，ビアのインダクタンスは 1 nH 程度あります．チップセラミックコンデンサの $L_{ESL}$ の値が 0.5 nH 程度であることを考えると，取り付けパターンやビアはフィルタの減衰特性に大きく影響することがわかります．

取り付けパターンを長くすると，コンデンサの自己共振周波数が低くなり，フィルタの減衰量が低下するため，コンデンサを基板に取り付ける際は，取り付けパターンをできるだけ短くする必要があります．

ビアに関しては，複数配置することにより，インダクタンスが小さくなります．また，基板の厚さを薄くしたり，基板の内層をグランドプレーンにして，そこに接続したりすることでビアの長さを短くすることができ，$L_{via}$ の値を小さくできます．

# 8 フィルタの活用

　7章では，フィルタの基礎的な活用に関するトラブル事例を解説しました．この章では，これまでのフィルタの基礎知識をもとにして，より複雑な現象のトラブル事例とその対策方法について解説します．フィルタを挿入する場所やシールドのしかた，線路の共振によるノイズの放射，電源ラインのデカップリングコンデンサについて解説します．

---

### 事例24 フィルタの入出力の配線が近いとノイズが減衰しない

**状況** フィルタを入れてもノイズが減衰しません．フィルタの入出力線が束ねられています．

**原因❶** 線路からノイズが発生しないように，エミッション対策としてフィルタを配置しています．フィルタの入力の配線と出力の配線が近いため，線間に浮遊容量が発生し，信号はフィルタを通らず浮遊容量を介して出力側の長い配線に流れます．その結果，フィルタによる減衰量は低減され，ノイズが出力線から放射されます．

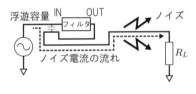

図 8.1

**原因❷** 外来ノイズが負荷に加わらないように，イミュニティ対策としてフィルタを挿入しています．フィルタの入出力の線間が近いため，外来ノイズは浮遊容量を通って負荷に流れ込みます．そのため，フィルタによる減衰量は小さくなります．

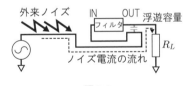

図 8.2

**対策例** フィルタの入出力の配線を離すことで，入出力間の結合を防ぐことができ，本来のフィルタの性能を発揮させることができます．

図 8.3

**point** フィルタの余った入出力線を一緒に束ねると，このような問題が発生しやすくなります．

**事例25** フィルタを入れる場所によってノイズが発生したり，ノイズを受信したりする

**状況** デジタル回路の出力と負荷が離れた場所にあり，その間が線路で接続されています．EMC対策として，線路にはフィルタが挿入されています．

 ノイズ源近くにフィルタを挿入すると，負荷側の線路が長くなるため，線路が受信アンテナとして動作し，外来ノイズの影響を受けやすくなります．

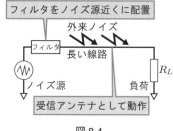

図 8.4

 負荷近くにフィルタを挿入すると，ノイズ源側の線路が長くなり，これが送信アンテナとして動作します．ノイズが放射されやすくなり，自己の回路やほかの機器に影響を与えます．

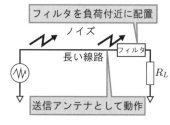

図 8.5

 線路の中央にフィルタを挿入しても，フィルタに接続される入出力線路が長いと，それらがアンテナとなるため問題が起こります．ノイズ源からフィルタ間の線路は送信アンテナとなってノイズを放射し，フィルタから負荷間の線路は受信アンテナとなって外来ノイズを受信するため，フィルタはエミッションにもイミュニティにも効果が出ない可能性があります．

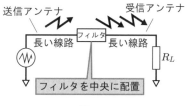

図 8.6

**対策例!** ノイズ源と負荷側のすぐ近くに，それぞれフィルタを挿入します．フィルタが2個必要ですが，エミッションにもイミュニティにも強く，ノイズ対策の効果が期待できます．

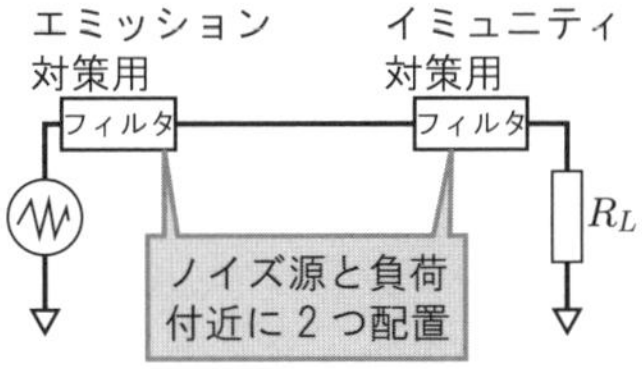

図 8.7

## 事例26 フィルタを挿入してもノイズが減衰しない

**状況** ノイズが線路から負荷に伝わらないように，ノイズ源と負荷をつなぐ線路にフィルタを挿入しています．



**原因❶** フィルタの入出力につながる線路間では，浮遊容量が生じます．その浮遊容量は数 pF と非常に小さく，通常は無視できますが，数 100 MHz 以上の高い周波数ではそのインピーダンスが小さくなります（p.38 4.3）．そのため，高い周波数のノイズは，フィルタを挿入しても浮遊容量を通過し，負荷に伝わります． また，このノイズの伝達は，フィルタの入力側の線路で放射されたノイズが，フィルタの出力側の線路で受信されることで生じている（p.84 事例25）と考えることもできます．

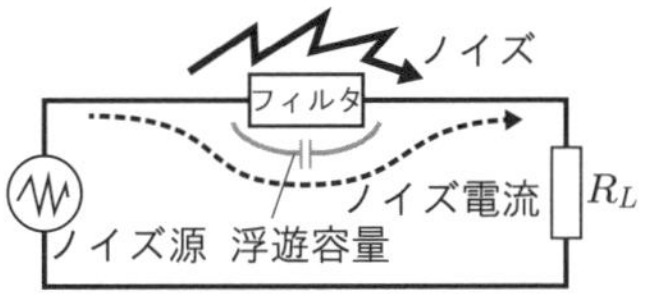

図 8.8

**原因❷** 回路全体をシールドケースに入れると，入出力線路の結合がシールドケースを介して強まるため，ノイズ電流が負荷に流れやすくなります．また，フィルタの入力側の配線から放射されたノイズが，シールドケースで反射してフィルタの出力側につながる配線に入り込みやすくなります．これらの理由より，フィルタの効果は悪くなります．

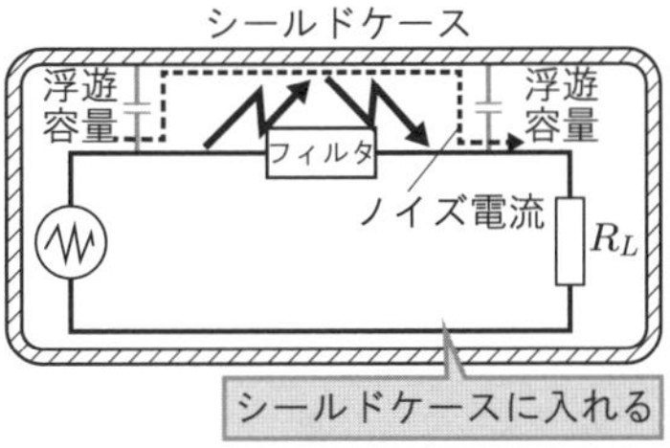

図 8.9

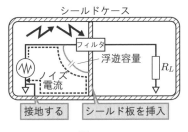

図 8.10

フィルタの入出力間にシールド板を入れると、ノイズが負荷に伝わらなくなります。フィルタの入出力間の結合はシールド板によって遮断され、シールドケースに流れたノイズ電流は、図 8.10 の破線ルートで信号源に戻るため、負荷には伝わりません。フィルタは本来の遮断効果を発揮することができます。

フィルタには、貫通コンデンサや 3 端子コンデンサ（📖 p.51 4.11）、3 端子フィルタ（📖 p.49 4.10）を使います。フィルタのグラウンド端子をシールドケースに最短距離で接続し、フィルタの ESL を小さくして配置します。

---

### 事例27 回路をシールドしてフィルタを挿入してもノイズが減衰しない

**状況** 2 つの離れた場所にある回路をケーブルで接続し、エミッションやイミュニティ対策のため、フィルタとシールドケースを組みあわせて使用しています。

**原因❶** フィルタをシールドケースの内部に配置しているため、フィルタの入出力の線路が結合したり、シールドケースで反射したノイズがフィルタの出力に入ってフィルタの効果が低下したりします（📖 p.85 事例 26）。これにより、ノイズ源のノイズ電流が負荷に伝わる問題や、線路からノイズが放射される問題が起こります。また、負荷は外部から飛来したノイズの影響を受け、イミュニティにおいても問題が発生します。

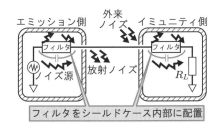

図 8.11

**原因❷** フィルタをシールドケース外に配置しているため、フィルタの入出力の線路が浮遊容量によって結合して、ノイズが負荷に伝わります。

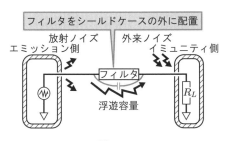

図 8.12

フィルタをエミッション側とイミュニティ側のシールドケース付近に配置します．エミッション側のフィルタとシールドケースによって，エミッション側で発生したノイズはシールドケースの外には出ません．また，外来ノイズはイミュニティ側のフィルタとシールドケースによって，シールドケースの内部に入りません．フィルタのグラウンドをシールドケースに最短で接続することで，大きな減衰特性が得られます（ **p.81 事例 23**）．

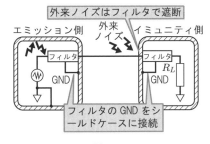

図 8.13

 フィルタ 1 つとシールドケーブルで対策します．エミッション側のフィルタでノイズの漏れを防ぎます．シールドケーブルは，フィルタで減衰できなかった漏れノイズを空中に放射されるのを防ぎます．また，シールドケーブルによって，外来ノイズを遮断できます．

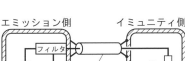

図 8.14

---

**事例28** 線路の共振によりケーブルから特定の周波数のノイズが強く発生する

**状況** パルス発生回路 IC1 と受信回路 IC2 をパターンで接続し，IC2 にはさらにケーブルを接続しています．実際の基板上でよくみられる回路です．

この回路の IC1 と IC2 間の配線はインダクタンス成分 $L$ をもち，IC2 は入力容量 $C$ をもつものとします．図8.16 はこの回路の等価回路です．$L$ や $C$ の値は小さいため，通常は問題となりませんが，高い周波数になると LC 直列共振を起こします．そして，共振時には共振回路に流れる電流 $i$ は最大となり，コンデンサに加わる電圧 $v_C$ が最大となるため，そこにつながるケーブルから共振周波数のノイズが強く放射されます．

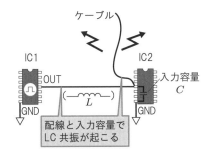

図 8.15

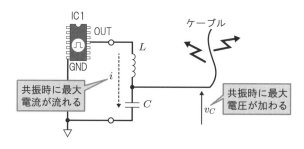

図 8.16　等価回路

配線中に抵抗やフェライトビーズを挿入すると線路に流れる電流が制限されるため，共振時の問題は起こらなくなります（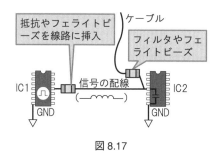 **p.159 付録 A.8**）．抵抗を挿入する場合は，信号レベルが減衰したり，パルス波の立上がり速度が遅くなったりするため，ノイズが軽減される必要最小限の値のものを挿入します．一方，フェライト

図 8.17

ビーズで対策する場合は，共振周波数でインピーダンスが大きくなるものを選びます．

> その他の対策　図 8.17 のように，受信回路とケーブル間にフェライトビーズやフィルタを入れるのも有効な対策方法です．

### 事例29　共振により線路がループアンテナになって特定の周波数のノイズが発生する

**状況**　信号源である IC1 と受信回路 IC2 が配線で接続された一般的な回路で，信号線とリターン線（グラウンド線）が離れて配線されています．信号源はパルス波であり，IC2 の入力抵抗は大きく，入力容量は数 10 pF 程度です．

**原因**　IC2 の入力抵抗が大きいため，低い周波数では信号線に多くの電流は流れず，ノイズはほとんど放射されません．しかし，高い周波数になると，配線（信号線とリターン線）のインダクタンス $L$ と IC2 の入力容量 $C$ による LC 共振の影響によって，線路からノイズが放射されるようになります．

図 8.18 の等価回路は，図 8.19 (a) のように信号源の出力抵抗 $R$，信号線とリター

ン線のインダクタンス $L$，IC2 の入力容量 $C$ で表されます．LC が共振すると，図 8.19 (b) のように，LC のインピーダンスが 0 となります．そして $R$ が小さいと多くの電流 $i$ が線路に多く流れます．ここで，信号線とリターン線が離れていると回路がループアンテナとなって動作するため，強いノイズを放射します．

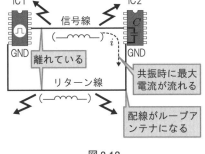

図 8.18

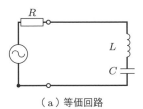

（a）等価回路

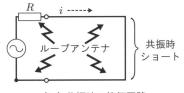

（b）共振時の等価回路

図 8.19　離れたリターン線で接続したときの等価回路

 信号線に共振を抑えるためのダンピング抵抗もしくはフェライトビーズを挿入します．共振時に線路に流れる電流が制限されるため，ノイズは放射されにくくなります（⚡ **p.87 事例 28**）．

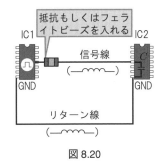

図 8.20

| その他の対策 | ・リターン線と信号線を近づけたり配線を短くしたりして，ループ面積を小さくする（⚡ p.57 事例 5）．<br>・リターン線をグランドプレーンにする． |

**事例30** 線路上で反射波が共振して特定の周波数のノイズが放射される

**状況** 信号源 IC と受信用 IC を線路で接続しています.

線路の端部で信号が反射し,反射によって信号が線路を 1 周したときに もとの信号と同じ位相になると,線路上で共振が起こります.この線路の 端部で反射した波を**反射波**（ **p.157 付録 A.7**）といいます.

線路の長さがパルス波の基本波または高調波の λ/4 のとき,その周波数のノイ ズが強く放射されます.図 8.21 (b) は,基板上の配線の両端に受信用 IC が接続され, その中央付近にパルス波の信号源が接続された回路です.受信用 IC の入力インピー ダンスは十分大きいものとします.線路の長さがパルス波の基本波または高調波の λ/2 のとき,その周波数のノイズが強く放射されます.

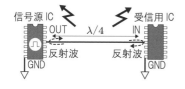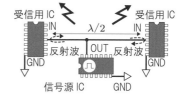

（a）λ/4 線路の場合　　　　（b）λ/2 線路の場合

図 8.21　配線上の共振の実例

**point** ガラス基板 FR4（$\varepsilon_r = 4.5$, 厚み 1.6 mm, 線路幅 3 mm）上のマイクロ ストリップラインの波長 λ は,1 GHz で約 16 cm です.

**対策例①** **特性インピーダンス**（ **p.155 付録 A.6**）

$Z_0$ と等しい整合用の出力抵抗 $R$ を信号 源側付近の線路に挿入することで,反射波を抵抗 に吸収させて共振を防ぎます.

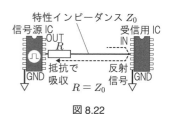

図 8.22

**対策例②** 特性インピーダンス $Z_0$ と等しい入力抵 抗 $R$ を受信側付近の線路とグラウンド 間に挿入することで,信号を $R$ に吸収させて反 射波をなくすことができます.

特性インピーダンス $Z_0$

信号源 IC　　　　　　受信用 IC

OUT　　　　　　IN

信号

GND　　$R = Z_0$　　GND

図 8.23

**point** 共振対策は，送信側か受信側のどちらかで行います．

 **その他の対策**
- 線路を短くする．
- リターン線を信号線に近づける．
- グランドプレーンにする．

---

**事例31** ノイズが電源ラインを通ってほかの回路に入り込む

**状況** ノイズ源である回路1と受信用の回路2の電源ラインが直接接続されており，電源端子からノイズが発生しています．

**原因?** 回路1と回路2をそのまま接続しているため，回路1で発生したノイズ電流は電源ラインを通って回路2に流れ込み，回路2に影響を与えます．

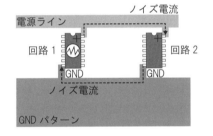

図 8.24

**対策例!** 回路1と回路2の電源とグラウンド間にコンデンサを挿入すると，回路1の電源端子で発生したノイズ電流がコンデンサを通って回路1に戻り，回路2に入るのを防げます．このコンデンサを**デカップリングコンデンサ**といいます．

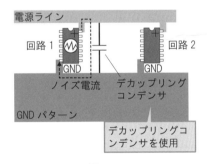

図 8.25

**事例32** デカップリングコンデンサを挿入しても電源ラインのノイズが落ちない

**状況** 電源ラインのノイズを対策するために，デカップリングコンデンサを 1 つ挿入しています．

**原因❓** 1 つのデカップリングコンデンサでは広い周波数帯域で低インピーダンスとなりません．デカップリングコンデンサのインピーダンスは，どのような周波数のノイズも減衰するように，幅広い周波数帯域で低インピーダンスであることが望まれます．コンデンサの寄生素子の ESL を 5 nH, ESR を 0.05 Ω とすると，$C_1 = 0.1$ μF と $C_2 = 0.01$ μF のコンデンサのインピーダンス特性は，それぞれ図 8.27 の①

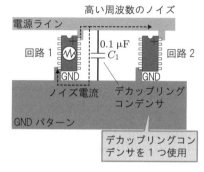

図 8.26

と②のようになります．0.1 μF のコンデンサでは，0.01 μF のものと比較して高い周波数でインピーダンスが高くなります．一方，0.01 μF のコンデンサでは，低い周波数でインピーダンスが高くなります．このように，デカップリングコンデンサのインピーダンスが低いのは特定の周波数範囲であり（🔗 **p.43 4.7**）その周波数ではノイズはよく減衰しますが，それ以外のノイズはデカップリングコンデンサを通りにくいため，回路 2 に影響を与えます．

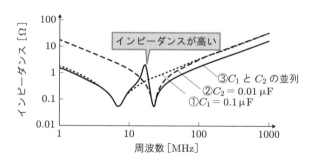

図 8.27 デカップリングコンデンサのインピーダンス特性

$C_1 = 0.1\ \mu\mathrm{F}$ と $C_2 = 0.01\ \mu\mathrm{F}$ の 2
つのデカップリングコンデンサを
並列接続して使うと，インピーダンス特性
は図 8.27 の③のようになり，幅広い低イ
ンピーダンスの特性が得られ，広い周波数
のノイズを防ぐことができるようになりま
す．20 MHz 付近でみられるインピーダン
スが高くなる現象を**反共振**とよびます．反
共振の箇所では，その周波数のノイズは減
衰されにくくなります（ p.93 事例 33）．

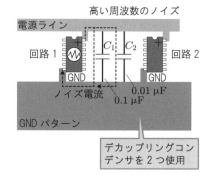

図 8.28

 **事例33** 複数のコンデンサを挿入しても電源ラインのノイズが落ちない

**状況** 異なる容量のデカップリングコンデンサを並列接続して，幅広い周波数帯
域でインピーダンスを低くし，ノイズを減衰させています．

コンデンサを並列接続すると，イ
ンピーダンス特性は図 8.30 の①
のようになります．$C_1$ の自己共振周波数
$f_1$ 以下の周波数では $C_1$ と $C_2$ はコンデン
サとして動作するため，電源とグラウンド
間の周波数の上昇とともにインピーダンス
は下がります．$C_2$ の自己共振周波数 $f_2$ 以
上では $C_1$ と $C_2$ はコイルとして動作する
ため，周波数の上昇とともにインピーダン
スは上がります．$f_1$ と $f_2$ の間では，$C_1$ が

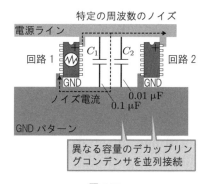

図 8.29

インダクタ，$C_2$ がコンデンサとして動作して並列共振を起こし，電源とグラウン
ド間のインピーダンスは高くなるため，反共振が起こります．

反共振が起こる周波数付近では，ノイズは電源ラインから回路 2 に伝わりやす
くなります．

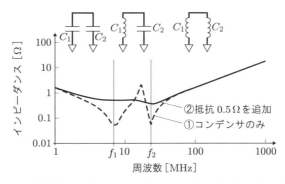

図 8.30　並列接続のデカップリングコンデンサのインピーダンス特性

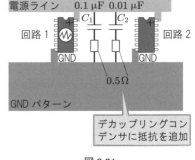

対策例①　コンデンサに直列に 0.5 Ω 程度の小さな値の抵抗を挿入することで，図 8.30 ②のようにインピーダンス特性が平坦になり，反共振を抑えることができます．

図 8.31

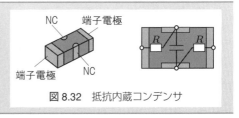

point　メーカーから，図 8.32 のような，反共振対策用の抵抗を含んだコンデンサが販売されています．

図 8.32　抵抗内蔵コンデンサ

詳しい解説　さらに広い帯域でインピーダンスを低くしたい場合は，コンデンサを 3 つ使います．コンデンサの容量を 0.01，0.1，1 μF のように約 10 倍間隔で増やすと，インピーダンス特性は図 8.33 ①のようになり，より広い帯域で低インピーダンスのデカップリングコンデンサとなります．ここでは，コンデンサの寄生素子は ESL が 5 nH，ESR が 0.05 Ω に設定されています．このままでは，各コンデンサの自己共振周波数の中間付近で反共振が発生するため，各コンデンサに抵抗 0.5 Ω を挿入します．それにより，図 8.33 ②のように反共振が抑制され，広い帯域で平坦な低インピーダンス特性が得られます．

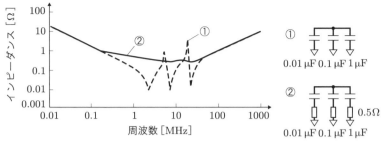

図 8.33　3 つのコンデンサ接続

対策例 ❷　同一の容量のコンデンサ 5 つを並列に接続すると，インピーダンス特性は図 8.35 ②のようになり，反共振をなくすことができます．コンデンサ 1 つの特性①と比べると，全帯域においてインピーダンスは 1/5 になります．

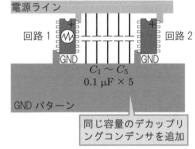

図 8.34

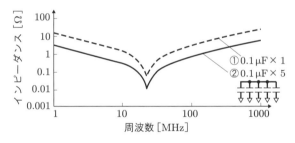

図 8.35　同一容量のコンデンサを接続

# 9 グラウンドパターン

　ノイズは，信号線だけでなく，電源線やグラウンド線からも発生します．そして，それはプリント基板（PCB）のグラウンドのパターンや構造が影響しています．この章では，EMCに強いプリント基板のグラウンドパターンや構造について解説します．

## 事例34 グラウンドパターンからノイズが発生する

**状況** 信号源と受信回路を信号線で接続しています．

**原因？** グラウンドが細く，両サイドに長く伸びているため，両端のグラウンドからノイズが放射されます．この回路を簡略化すると，図9.2（a）のようになります．グラウンドが細いため，リターン線となるグラウンドはインダクタンス $L$ として動作し，そこに信号電流 $i$ が流れるとリターン線間に起電圧 $v$ が発生します．

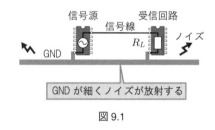

図9.1

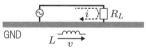
（a）簡略化回路

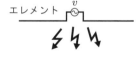
（b）等価回路

図9.2　グラウンド線からノイズが放射するしくみ

　グラウンド部分を取り出すと，図9.2（b）のような等価回路となります．左右に伸びたグラウンド部分がエレメントとなり，ダイポールアンテナの構造が構成されます．このようなノイズ電流が流れたグラウンドを**ダーティなグラウンド**といいます．ダーティなグラウンドの端に配線パターンやケーブルを接続すると，そこからノイズが放射されます．

**用語** ダーティなグラウンド：ノイズの乗ったグラウンドのこと．**不安定なグ
ラウンド，グラウンドが弱いともいう．**

 **対策例❶** グラウンドを太くすることで，リター
ン線となるグラウンドのインダクタン
スが下がり，信号電流が流れてもリターン線に
ノイズ電圧が発生しにくくなります．

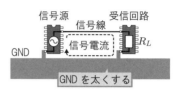

図 9.3

 **対策例❷** グランドプレーンにすることで，理想
のグラウンド状態になります．グラン
ドプレーンは，グラウンドのインダクタンスが
非常に小さくなるだけでなく，信号線がマイク
ロストリップライン（🔶 **p.23 2.7**）の構造とな
るため，信号線からのノイズの放射を抑えるこ
とができます．

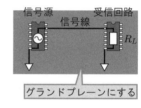

図 9.4

 **用語** グラウンドを強化する：グラウンドを太くしたり，グランドプレーンに
したりして，ノイズを発生しにくくすること．

**その他
の対策** リターン線となるグラウンドを短くすると，インダクタンスの値が小さ
くなり，グラウンド上に発生するノイズ電圧が小さくなります．その結果，
ノイズは放射されにくくなります．

---

**事例35** **グラウンドケーブルや電源ケーブルからノイズが発生する**
...........................................................................................
**状況** 電源パターンとグラウンドパターンに回路 1 を接続しています．そして，
電源をほかの回路で使うために，その先に電源ケーブルとグラウンドケーブルを接
続しています．

 電源パターンやグラウンドパターンが細いため，回路 1 に電流が流れる
とパターン上にノイズ電圧が発生します．そして，そのノイズ電圧によっ

て，電源ケーブルとグラウンドケーブル
からノイズが放射されます.

電源パターンとグラウンドパターンに
は，それぞれパターンのインダクタによ
る $Z_p$ と $Z_g$ のインピーダンスが含まれて
おり，回路 1 が動作して電流 $i$ が流れる
と，$v_1 = Z_p i$ と $v_2 = Z_g i$ のノイズ電圧
が発生します．このノイズ電圧 $v_1$ と $v_2$

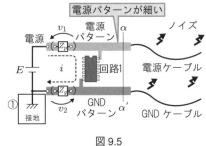

図 9.5

が電源ケーブルとグラウンドケーブルに加わり，ケーブルからノイズが放射されま
す．このように，電源パターンやグラウンドパターンをほかの回路でも共用するこ
とで発生するノイズを**共通インピーダンスノイズ**といいます.

境界線 $\alpha$ - $\alpha'$ より左側の回路を電源 $E$ とノイズ源（$v_1$, $v_2$）でおき換えると，
図 9.6 (a) のような回路となります．$v_1$ と $v_2$ は回路 1 が動作した際に発生するノイ
ズ電圧です．線路のインピーダンス $Z_p$ と $Z_g$ は，小さなものとして無視しています.

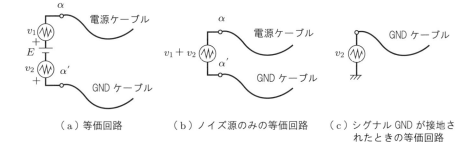

図 9.6　共通インピーダンスノイズによってノイズが放射されるしくみ

図 9.6 (a) のノイズ電圧のみを考えた等価回路は図 9.6 (b) のようになります．起
電圧 $v_1$ と $v_2$ に電源ケーブル，グラウンドケーブルが接続され，これらがダイポー
ルアンテナのエレメントとして動作します.

図 9.5 において，グラウンドケーブルのみが接続されて回路の①の箇所で接地さ
れた場合でも，グラウンドケーブルからノイズが発生します．このときの等価回路
は，図 9.6 (c) のようになります．接地面（筐体や大地）とグラウンドケーブルの
間には起電圧 $v_2$ が発生しているため，この回路はモノポールアンテナとして動作
し，ノイズが放射されます．このように，グラウンドケーブルを伸ばしているだけ
でも，グラウンドパターンが細いと共通インピーダンスノイズが放射されます.

共通インピーダンスノイズの原因は、電源パターンとグラウンドパターンのインピーダンスです。電源とグラウンドのパターンを太くすると、インピーダンスが下がり、ノイズ対策になります。

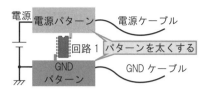

図 9.7

 電源パターンやグラウンドパターンを回路ごとに分けることで、回路1で発生するノイズ電流が電源ケーブルに伝わりにくくなります。

この回路の等価回路は、図 9.9 のようになります。直流電源間は電圧が一定であるため、交流的にはショートとみなされます。電流ケーブルとグラウンドケーブル間にはノイズ電圧が加わらないため、ノイズがケーブルから放射されることはありません。

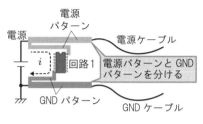

図 9.8

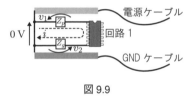

図 9.9

---

 ・ケーブルにフェライトビーズを挿入する（⚡ p.133 事例 62）
・デカップリングコンデンサを電源とグラウンド間に挿入する（⚡ p.91 事例 31）

**事例36** 電源ラインからほかの回路にノイズが入り込む

**状況** 回路1と回路2を同じ電源ラインに接続しています．電源ラインのパターーンによっては，回路1で発生したノイズが電源ラインを通って回路に入り込むことがあります．

電源パターンとグラウンドパターン
が細いため，共通インピーダンスノイズ（**M** p.97 事例35）が電源ラインとグラウンドパターン上に発生します．そして，そのノイズが回路2の電源に加わり，回路2に影響を与えます．

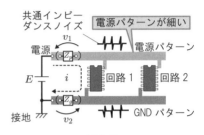

図9.10

電源パターンとグラウンドパターンを太くすることで，線路のインピーダンスが下がります．

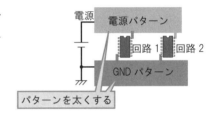

図9.11

電源パターンとグラウンドパターンを回路ごとに分けることで，回路1で発生するノイズ電流が回路2に伝わりにくくなります．

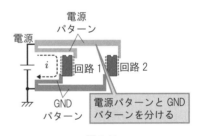

図9.12

**その他 の対策**
- 電源ラインにフェライトビーズを挿入する（**M** p.133 事例62）
- デカップリングコンデンサを電源とグラウンド間に挿入する（**M** p.91 事例31）

**事例37** 金属筐体に入れるとグラウンドケーブルからノイズが放射される

**状況** 金属筐体（シャーシ）のなかに基板（PCB）が入っており，PCB のグラウンドにコネクタを介してグラウンド用のケーブルを接続しています．$V_G$ はシグナルグラウンド上で発生したノイズ電圧です（⚡ **p.96 事例 34，p.97 事例 35**）

---

| **用 語** | シグナルグラウンド：基板上のグラウンド<br>フレームグラウンド：金属筐体（シャーシ）のグラウンド（⚡ **p.146 付録 A.1**）．シャーシグラウンドともいう． |
| --- | --- |

 シグナルグラウンドとフレームグラウンドが接続されていないため，シグナルグラウンドで発生したノイズ電流がグラウンドケーブルを通り，ノイズがケーブルから放射されます．グラウンドケーブルとフレームには浮遊容量 $C_{\mathrm{f1}}$ が，また PCB とフレームには

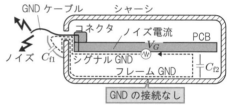

図 9.13

浮遊容量 $C_{\mathrm{f2}}$ があります．ノイズ電流は PCB のシグナルグラウンド→グラウンドケーブル→ $C_{\mathrm{f1}}$ →フレームグラウンド→ $C_{\mathrm{f2}}$ →シグナルグラウンドのルートで流れ，ノイズ電流がケーブルを流れたときにノイズが放射されます．

 ケーブルと反対側，つまり原因 1 で $C_{\mathrm{f2}}$ であった箇所で，シグナルグラウンドとフレームグラウンドを接続しているため，原因 1 と同じことが起こります．ループ内のノイズ電流はさらに流れやすくなり，放射ノイズが増えます．この構造は，フレームグラウンドを基準グラウンドとして考えると，モノポールアンテナ（⚡ **p.32 3.3**）と同じです．

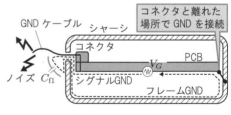

図 9.14

グラウンドケーブル付近でシグナルグラウンドとフレームグラウンドを接続すると，ノイズ電流がフレームグラウンドを通り，グラウンドケーブルに流れにくくなります．このとき，シグナルグラウンドとフレームグラウンドの接続は，低インピーダンスとなるように太く短い配線で接続します．

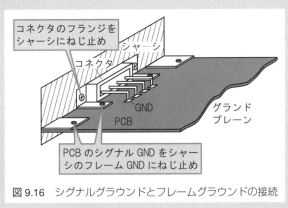

図 9.15

**point** 金属筐体はノイズをシールドするのに有効ですが，シグナルグラウンドとの接続場所が悪いと逆にノイズが大きくなります．シグナルグラウンドとフレームグラウンドは，図 9.16 のように接続します．PCB をシャーシにねじ止めしてシグナルグラウンドとフレームグラウンドを接続し，PCB のシグナルグラウンドとコネクタのフランジをシャーシのフレームグラウンドにねじ止めして接続します．さらに，コネクタに接続するグラウンドケーブルにシールドケーブルを使用すると，より効果があります．

図 9.16　シグナルグラウンドとフレームグラウンドの接続

**事例38** グラウンド電流が流れ込んでグラウンドケーブルからノイズが発生する

**状況** グランドプレーン上にノイズ源 $V_S$ と負荷 $R_L$ をマイクロストリップライン
で接続しています．基板の端にはコネクタを配置しており，その先にグラウンドケー
ブルを接続しています．

グランドプレーン上の電流は配線
の真下がもっとも強く，離れるほ
ど弱くなります．グラウンドの分離がされ
ていないため，ノイズ電流がグランドプ
レーン一面に広がり，ダーティなグラウン
ドとなります．このダーティなグラウン
ドにグラウンドケーブルを接続しているた
め，そこからノイズが放射されます．

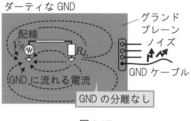

図 9.17

グラウンドに**スリット**を入れるこ
とで，電流の戻るループがスリッ
トで遮られて電流が流れにくくなるため，
ダーティなグラウンドと**クリーンなグラウ
ンド**に分離できます．ダーティなグラウン
ドとクリーンなグラウンドは**ブリッジ**で接
続します．

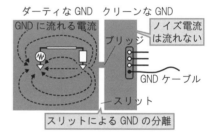

図 9.18

---

 **クリーンなグラウンド**：ノイズ
が乗っていないグラウンド
**スリット**：グランドプレーンに切り込みを入れる部分
**ブリッジ**：2 つのグラウンドを接続する部分

---

 基板を金属筐体に入れて，コネクタ部のシグナルグラウンドをフレーム
グラウンドに接続する（ p.101 事例 37）

**事例39** グラウンドにスリットを入れて分離しても，高い周波数のノイズの影響を受ける

**状況** グラウンドケーブルにノイズ電流が流れないように，グラウンドにスリットを入れてグラウンドを分離しています．

**原因** ノイズの周波数が高いと，グラウンドを分離してもグラウンド間の静電容量 $C_f$ を通ってノイズ電流が右側の基板に流れ込みます．

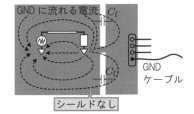

図 9.19

**対策例** スリットの幅を広くするか，分離した基板の間にシールド板をおいてノイズを遮断します．

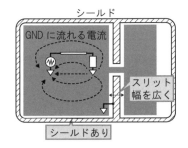

図 9.20

**事例40** デジタルノイズがアナログ回路に入り込む

**状況** 1 枚の基板上に，アナログ回路とデジタル回路が混在して配置されています．

**原因** デジタル回路とアナログ回路を近くに配置しているため，配線から放射されたデジタルノイズがアナログ回路に入ったり，グラウンドに流れるデジタルノイズ電流がアナログ回路のグラウンドを流れたりして，アナログ回路に悪影響を及ぼします．アナログ回路が低ノイズ，高ゲインの仕様で設計されている場合，このようなデジタルノイズの影響は大きくなります．

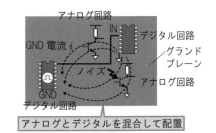

図 9.21

アナログ回路とデジタル回路を1枚の基板上で離して配置すると，アナログ回路がデジタル回路の影響を受けにくくなります．

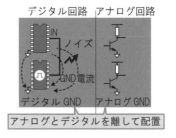

図 9.22

**事例41** アナログ回路とデジタル回路を分離してもノイズの影響を受ける

**状況** アナログ回路とデジタル回路を分離して配置しています．デジタル回路で発生したグランドプレーン上のノイズ電流は，わずかにアナログ回路に流れ込んでいます．

 1枚の基板上でアナログ回路とデジタル回路を分けても，アナログ回路のグラウンド（アナロググラウンド）（ **p.146 付録 A.1**）とデジタル回路のグラウンド（デジタルグラウンド）はつながっているため，デジタル回路のグラウンド電流の一部が，アナロググラウンドを通ります．アナログ回路が低ノイズや高ゲイン増幅回路の場合，わずかなデジタルノイズ電流によっても影響を受けます．

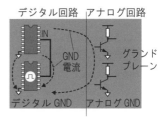

図 9.23

デジタルグラウンドとアナロググラウンドをスリットで分離する（**p.103 事例 38**）ことで，デジタル回路のグラウンド電流 $i$ がアナロググラウンドに流れ込むのを防ぎます．

デジタル回路とアナログ回路を接続する信号線や電源線はブリッジを通して接続し，電源部はフェライトビーズを挿入してデジタルノイズの影響を軽減します．

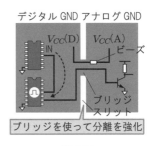

図 9.24

デジタル回路とアナログ回路を完全に分離し，2つの回路の電源とグラウンドをコモンモードチョークコイル（ p.134 事例63，p.150 付録A.4）を用いて接続します．また，3端子レギュレータを用いてデジタルとアナログを別電源にすると，さらにデジタルノイズの影響を少なくできます．

　デジタル信号の伝達は，フォトカプラ（ p.134 事例63）を用いることで，デジタルとアナログ回路を電気的に完全に分離することができます．

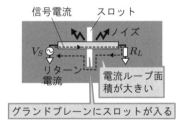

コモンモードチョークコイル

図 9.25

関連事例：小型化が求められる機器では，アナログ回路とデジタル回路は，PCBの層で垂直分離させます（ p.126 事例59）．

---

### 事例42▶ スロット上のマイクロストリップラインからノイズが発生する

**状況** 信号源 $V_S$ と負荷 $R_L$ をマイクロストリップラインで接続した回路で，グランドプレーンに開いたスロット（穴）の上を信号線が通過しています．

**原因** グランドプレーンに流れるリターン電流は，電流ループ面積が最小になるように，信号線の真下のグランドプレーンを流れます[2]．しかし，スロットがあるため，リターン電流はその周りを迂回して流れます．その結果，電流ループ面積が大きくなり，スロット部から大きなノイズが放射されます．

信号電流　スロット

電流ループ面積が大きい

グランドプレーンにスロットが入る

図 9.26

図 9.27

多層基板で全面
グランドプレーン

マイクロストリップライン

電流ループ面積
が小さくなる

対策例 多層基板にして内層でグランドプレーンを設けると，電流ループ面積が小さくなるため，ノイズの放射が小さくなります．その際，内層のグランドプレーンと信号線の距離を近づけるほど電流ループ面積は小さくなるため，ノイズの放射も少なくなります．

point EMC 対策のためには，線路の下を全面グランドプレーンにするが理想ですが，2 層基板ではレイアウト密度が高くなると信号線の下に隙間のない広いグラウンドを設けるのが難しくなります．

### 事例43 スリット上のマイクロストリップラインからノイズが発生する

状況 デジタル回路の出力をコネクタに配線で接続しています．コネクタ部をクリーンなグラウンドにするために，グランドプレーンにスリットを入れています（ p.103 事例 38）．

原因 信号線がスリットを横切って配線されています．リターン電流はスリット部では信号線の下を通ることができないため，ブリッジを通って戻ります．電流ループ面積が大きくなり，ノイズが放射されます（ **p.106 事例 42**）．

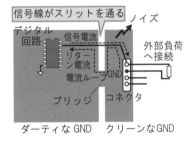

信号線がスリットを通る　ノイズ

デジタル回路　信号電流

リターン電流　電流ループ GND

ブリッジ　コネクタ

ダーティな GND　　クリーンな GND

図 9.28

対策例 信号線をブリッジの上を通してコネクタに接続することで，リターン電流は信号線の下を通って戻り，ノイズが発生しにくくなります．

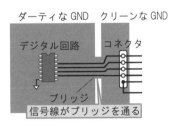

ダーティな GND　クリーンな GND

デジタル回路　コネクタ

ブリッジ

信号線がブリッジを通る

図 9.29

## 事例44 分離したグラウンドをまたいだ配線からノイズが発生する

> **状況** デジタル回路とアナログ回路が，信号線で接続されています．デジタルグラウンドとアナロググラウンドは分離されており，2つのグラウンドは外部の別電源を介してそれぞれ接続されています．

**原因** 信号が出力されてからグラウンドに戻るまでの電流ループ面積が大きいため，大きなノイズが発生します．

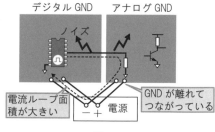

図 9.30

**対策例** デジタルグラウンドとアナロググラウンドをブリッジで接続し，ブリッジ上で信号線を結びます．リターン電流はブリッジを通って戻るため，電流ループ面積が小さくなり，ノイズが発生しにくくなります．電源と基板上のグラウンドは，大きな電流ループとなるルートができないように，アナログかデジタルのどちらか片方のグラウンドのみに接続します．

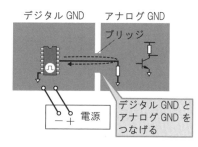

図 9.31

# 10 ケーブル，筐体構造

　ケーブルは，信号やノイズ電流が流れる長い線路であるため，システムのなかでもノイズが発生しやすい箇所です．また，金属筐体はノイズをシールドするのに役立ちますが，扱いを間違えるとそれ自体がアンテナとなり，ノイズの発生源となります．ケーブルや筐体からノイズが発生するしくみを知っておくことは EMC 対策を行うのに役立ちます．

## 事例45 フラットケーブルからノイズが発生する

**状況** 2つの PCB をフラットケーブルで接続しています．信号ケーブルの端に，共通で使用する 1 本のグラウンドケーブルが配置された一般的なコネクタのピン配置になっています．

**原因** 各ケーブルのグラウンドケーブルを共通にしているため，コスト的にもスペース的にもメリットがありますが，グラウンドケーブルから遠い信号ケーブルに対しては電流ループ面積が大きくなるため，ノイズが放射されやすくなります．

図 10.1

**対策例①** 各信号ケーブルの横にグラウンドケーブルを配置することで，電流ループ面積が小さくなり，ノイズが放射されにくくなります．

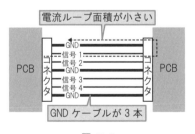

図 10.2

各信号ケーブルの隣にグラウンド端子を配置し，信号ケーブルとグラウンドケーブルを**ツイストリボンケーブル**で接続すると，ノイズが放射されにくくなります．EMC 対策に大きな効果がありますが，端子の数が増えます．

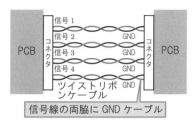

信号線の両脇に GND ケーブル

図 10.3

---

その他の対策　ツイストリボンケーブルのほかに，**シールドフラットケーブルやシールドチューブ**などの，EMC 対策を施したフラットケーブル（後付対策用品）が各メーカーから販売されています（図 10.4 参照）．

---

用　語
- **ツイストリボンケーブル**：リボンケーブルがツイストされており，ツイストペアケーブル（ p.21　2.6）の構造になっています．
- **シールドフラットケーブル**：フラットケーブル全体がシールドされています．シールドの金属部分は，筐体（フレームグラウンド）に接続します．
- **シールドチューブ**：フラットケーブルに後付けで金属を巻き付けて装着できるシールド部品です．シールドの金属部分は，筐体に接続します．

（a）ツイストリボンケーブル　　（b）シールドフラットケーブル　　（c）シールドチューブ
　　　　　　　　　　　　　　　　　　[写真提供：星和電機(株)]　　　　　[写真提供：星和電機(株)]

図 10.4　EMC 対策用フラットケーブル

## 事例46 ケーブルがアンテナとなってノイズが発生する

**状況** デジタル回路 IC の出力を，コネクタを介してケーブルに直接接続しています．

 ケーブルがアンテナとなり，IC から出力されるパルス波の高調波成分が，ケーブルからノイズとなってよく放射されます．

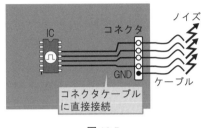

図 10.5

事例
46

 高調波に対して高いインピーダンスとなるフェライトビーズまたはフィルタを挿入することで，高調波のノイズの放射が抑制されます（**p.47 4.9**）．

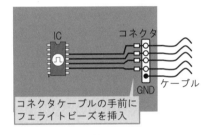

図 10.6

対策例 1 に以下の対策を加えることで，いっそう効果が出ます．コネクタ部のグラウンドをブリッジ接続してクリーンなグラウンドにする（**p.103 事例 38**）ことで，ノイズが放射されにくくなります．さらに，シグナルグラウンド SG をフレームグラウンド FG に接続して安定させています（**p.101 事例 37**）．ループ電流が発生しないように，配線はブリッジ上を通してしています（**p.107 事例 43**）．

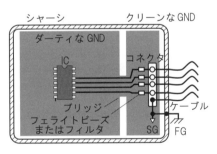

図 10.7

**EMI（EMC）フィルターコネクタ**に交換することで，コネクタの各信号線や電源線にフィルタを挿入しなくても，コネクタ部の EMC 対策ができます.

EMI フィルターコネクタは，全面が金属で覆われており，各コンタクトピン内部に貫通コンデンサやフィルタが挿入されています．構造上 ESL を小さくすることができるため，高い周波数でも大きな減衰特性をもちます．コンタクトピン内のフィルタ構造は図 10.8（b）のようであり，フェライトによるインダクタとセラミックコンデンサにより図 10.8（c）のような π 型フィルタが構成されています.

（a）外観[提供：Amphenol 社]

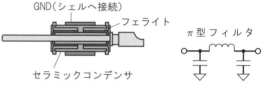

（b）コンタクトピン内のフィルタ構造

（c）フィルタ部の等価回路

図 10.8　EMI フィルターコネクタ

---

point コネクタ部はノイズの出入口となるため，十分な EMC 対策が必要です.

---

事例47 シールドケーブルからノイズが発生する

状況 筐体内にある信号源にシールドケーブルを接続しています.

---

point シールドケーブルからのノイズ発生のしくみは，信号源から流れる電流ルートを考えると理解しやすくなります.

---

 シールドケーブルの中心線の一部がシールドで囲われていません.
信号源からケーブルに流れた電流 $I$ は，以下のルートを通って戻ります.

信号源 $v_1$ →ケーブル中心線①→浮遊容量 $C_f$ →シールドケーブルの外側②→シールドケーブルの内側③→信号源

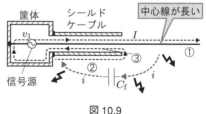

図 10.9

ここで，浮遊容量 $C_f$ はケーブルの中心線①とシールド部の外側②間の静電容量，$i$ は変位電流です．変位電流 $i$ が浮遊容量 $C_f$ を流れることによって，ノイズが放射

されます（ **p.171 付録 B.8**）．

　この構造は，ケーブルの中心線①とシールドケーブルの外部金属間②に電圧が加えられており，①，②をエレメントと考えると，ダイポールアンテナ（ **p.29 3.2**）として考えることができます．また，①をエレメント，②の筐体は大きく，グラウンドとして動作すると，モノポールアンテナ（ **p.32 3.3**）とも考えることもできます．

 筐体とシールドケーブルを接続していないため，信号源から流れた電流 $I$ は，以下のルートを通って戻ります．

　信号源 $v_1$ →シールドケーブルの中心線→シールドケーブルの容量 $C_1$ →シールドケーブルの内部→シールドケーブルの外側→浮遊容量 $C_f$ →筐体の外側→筐体の内部→信号源

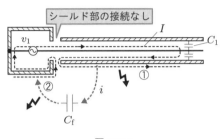

図 10.10

　シールドケーブルの外側の金属部①と筐体②がアンテナとして動作してノイズが発生します．

 シールドケーブルと筐体をピッグテール（ **p.68 事例15**）で接続しています．ピッグテールがインダクタンスとして動作するため，シールドケーブルから戻ってきた電流の一部はピッグテールを通らず，シールドケーブルの外側に流れ出します．その後の電流の流れは，原因 2 と同じになります．この場合も，シールドケーブルの外側と筐体でアンテナが構成されます．

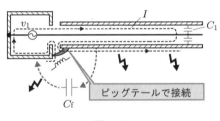

図 10.11

 回路基板（PCB）のシグナルグラウンドをシールドケーブルのシールドと筐体のフレームグラウンドに接続しており，ケーブルのシールド部は筐体に接続していません．すべてのグラウンドがつながっており，問題ないように思えますが，PCB の

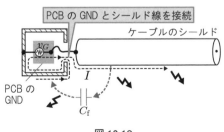

図 10.12

グラウンドにノイズ電圧 $v_G$ が加わるとノイズが放射されます．ノイズ電流は，PCB のグラウンドよりシールドケーブルの外側に流れ，浮遊容量 $C_f$ を介して筐体に流れ，PCB に戻ります．このとき，シールドケーブルの外側と筐体の外側の金属によってアンテナが構成されます．

　なお，この回路は p.101 事例 37 の図 9.13 と同じ構造をしています．

 金属筐体とシールドケーブルを隙間なく電気的に接続することで，信号源からケーブルに流れ出た電流は，シールドケーブルの容量 $C_1$ を介したあと，シールド線内と筐体内部を通って戻り，ノイズは筐体外部に放射されなくなります．

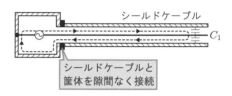

シールドケーブル

シールドケーブルと
筐体を隙間なく接続

図 10.13

 シールドケースと筐体のグラウンドを接続するには，コネクタを用いると便利です（ p.68 事例 15）．

---

### 事例48 接地方法が悪くてシールドケーブルからノイズが発生する

状況 信号源と負荷をシールドケーブルで接続し，シールドケーブルから少し離れた場所にグラウンド（筐体または地面）があります．

 シールドケーブルのシールド部の両端をグラウンドに接続していないため，電流は点線のルートで流れ，電流ループ面積が大きくなり，大きなノイズが発生します．

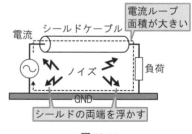

電流ループ
面積が大きい

電流　シールドケーブル

ノイズ　　負荷

GND

シールドの両端を浮かす

図 10.14

point シールドケーブルのシールド部をグラウンドに接続しないと，シールド効果はありません（ p.162 付録 A.10）．

片方のシールドしかグラウンドに接続されていないため，リターン電流はシールドを通って戻れません．そのため，電流ループ面積が大きくなり，ノイズが発生します．

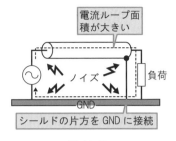

図 10.15

 シールドの両端子がグラウンドに接続されています．高周波信号では，ループ面積が小さくなるようにリターン電流が流れるため，リターン電流はシールド内を通ります[2]．さらに，電流ループ面積も小さいため，ノイズは発生しにくくなります．しかし，低い周波数では，シールドとグラウンドの両方を通るため，電流ループ面積が大きくなり，ノイズが発生します．

図 10.16

 シールドの片方をグラウンドに接続します．もう一方はグラウンドに接続せずに負荷に接続すると，リターン電流が必ずシールドを通るため，ノイズはほとんど放射されなくなります．

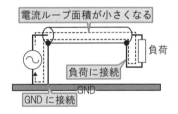

図 10.17

 シールドケーブルの接地（グラウンドの接続）方法（↗ p.162 付録 A.10）によりノイズの発生量が変わります．

---

**事例49** 筐体の開口部からノイズが放射される

**状況** シールドの役割をする電子機器の金属筐体に，通気口と I/O コネクタの穴が開いています．

 通気口やコネクタ開口部の一辺が長くなっているため，電磁波が通りやすくなっています．ノイズの漏れの大きさは，穴の面積よりも最大直線の長

さが影響する（ p.167 付録 B.4）ため，隙間の幅がわずかであっても一辺長さが長いとノイズは穴より漏れやすくなります．とくに，長さがλ/2の整数倍のとき，ノイズの漏れは大きくなります．

図 10.18

最大の長さが小さくなるように穴を分割することで，ノイズが漏れにくい構造となります．

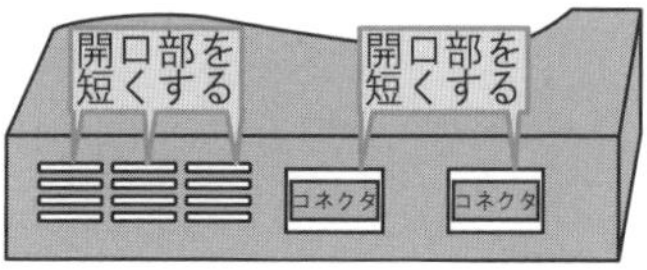

図 10.19

通気口用シールド材として，エキスパンドメタルやパンチングメタルを用いると，長い辺の穴がなくなるため，ノイズが放射されにくくなります．普通の金網は，格子部の接続不良によりシールド効果が不安定となるため，おすすめできません．

（a）エキスパンドメタル　　（b）パンチングメタル

図 10.20　開口部の EMC 対策品

I/O コネクタと同軸コネクタのフランジ部をシャーシに隙間なく取り付けることで，ノイズの漏れがなくなります．その際，EMI フィルターコネクタ（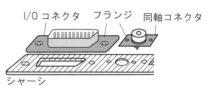 p.111 事例 46）を使うとより効果的です．また，コネクタに接続するケーブルには，シールドケーブルを使用します．

図 10.21　I/O コネクタと同軸コネクタの
　　　　　　シャーシへの取り付け

**事例50** 接合部や扉からノイズが放射される

**状況** 筐体に扉の開閉部や金属筐体の接合部があり，隙間が存在します．

 筐体の接合部に長い隙間があると，そこがノイズの出入口となります．

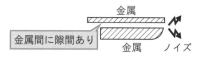

図 10.22

 導電性スポンジでできた導電性ガスケットを開閉部の隙間に挟むことで，隙間が電気的にふさがり，ノイズの放射はなくなります．

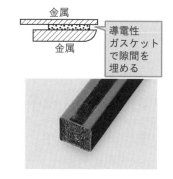

図 10.23 導電性ガスケット
[写真提供：星和電機(株)]

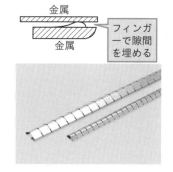

ばね状の金属板でできたフィンガーを隙間に挟んで隙間を導通させることで，隙間が電気的にふさがり，ノイズの放射はなくなります．フィンガーは耐久性に優れており，扉などの何度も開閉のある箇所に使われます．

図 10.24 フィンガー
[写真提供：星和電機(株)]

銅やアルミに導電性物質でできた粘着剤を付け
た導電性テープを，シールドケースの隙間に張
り付けてふさぐことで，シールドできます．導電性テー
プに似た金属箔テープ（銅テープ）もありますが，金属
箔テープは粘着剤が導電性をもたないため，張り付けた
だけでは十分なシールド効果が得られない場合がありま
す．筐体と金属箔テープ間には非導電性粘着剤のわずか
な隙間ができるため，ノイズはそこから漏れ出します．
金属箔テープを使う場合は，テープの金属部とシールド
ケースをはんだ付けして導通させます．

導電性テープで
隙間を埋める

金属

図 10.25　導電性テープ

---

**事例51** 筐体を貫通するケーブルからノイズが放射される

状況 電子回路の基板が入った筐体の小さな穴から，ケーブルが貫通して出てい
ます．

 筐体内部でケーブルは受信アンテナとし
てノイズを受信し，そこに誘導電流が流
れます．筐体内部のケーブルをそのまま外部に出
しているため，誘導電流は筐体外部のケーブルに
伝わります．筐体外部のケーブルは送信アンテナ
として動作し，ノイズを放射します．穴を小さく
しても，誘導電流は線を伝わって外部に漏れます．

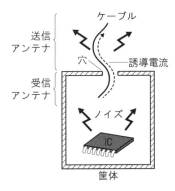

ケーブル

送信
アンテナ

穴　　　　誘導電流

受信
アンテナ

ノイズ

IC

筐体

図 10.26

ケーブルが穴を貫通する箇所にフィルタや貫通コンデンサを挿入することで，ノイズが筐体外部に伝わるのを防ぎます．フィルタのグラウンドは筐体に接続して，内部で発生した誘導電流を筐体に流し，外部のケーブルに流れないようにします．

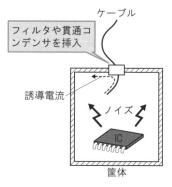

図 10.27

### 事例52 筐体の外部に突き出した電子部品からノイズが放射される

状況 電子部品に取り付けられたボリュームの金属シャフトが，筐体の外部に突き出しています．

 ボリュームの金属シャフトが筐体の外部に突き出しているため，事例51と同様に筐体内のノイズがシャフトを伝わって外部にもれます．シャフトに流れる誘導電流は筐体内のシャフトやリード線によって生じます．リード線に流れた誘導電流は，リード線と金属シャフト間でできる浮遊容量 $C_f$ を通って外部に流れ，突き出た金属シャフトがアンテナとなってノイズが放射されます．

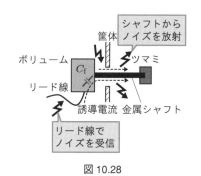

図 10.28

 ボリュームにシールドケースをかぶせ，そこを貫通するリード線にフィルタや貫通コンデンサを挿入します．また，シャフトの長さを短くして，ノイズの発生を抑えます．

 シャフトをプラスチック製に変更します．

図 10.29

# 11 多層基板

EMC に強い PCB にするには，グランドプレーンは欠かせません．1 層基板（片面基板）や 2 層基板（両面基板）では，グランドプレーンが構成にしにくいため，EMC 対策を施した配線が難しくなります．EMC に強い回路にするためには，一般に 4 層以上の多層基板が用いられます．

## 事例53 片面基板の配線からノイズが発生する

**状況** 片面基板に部品と配線を配置しています．はじめに電源とグランドの配線を基板の端に沿って行い，その後，残されたスペースに信号線を配線しています．

**原因** 電源ラインや信号の電流経路が長く，電源や信号の電流ループ面積が大きいため，ノイズが放射されやすい配線になっています．

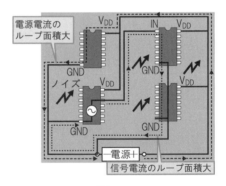

図 11.1

**対策例** 電源線や信号線の電流ループ面積を小さくなるように配線することで，ノイズの放射が抑えられます．グラウンド線は，各 IC の電源線と信号線に沿って配線します．電源とグラウンド間にはデカップリングコンデンサを入れて，ノイズが電源ラインに乗らないようにします．

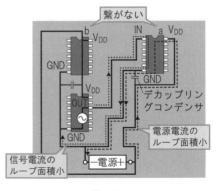

図 11.2

120

ab 間のグラウンドや電源線は接続しないようにします．接続すると電流ループ面積が「電源＋→ a → b →グラウンド」と大きくなり，ノイズが放射されやすくなります．すべての配線でこのような配線にするのは難しいため，ノイズに影響のありそうな配線を優先して対策します．

---

**point** 片面基板では，EMC 対策をするのは難しくなります．片面基板を使わざるを得ない場合は，電流が少なくて信号の動作周波数が数百 kHz 程度までの回路にします．

---

事例 54

### 事例54 両面基板の配線からノイズが発生する

> **状況** 2層基板（両面基板）の1層目と2層目に部品を配置しています．

 1層目と2層目に電源やグラウンド，信号線が混在して配線されており，配線からノイズが発生しやすい構造になっています．

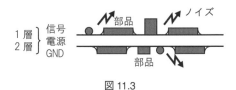

図 11.3

 基板の1層目を電源線と信号線の配線に使い，2層目をグランドプレーンにすることで，信号のリターン

1層 電源と信号
2層 グランドプレーン

図 11.4

線のインピーダンスを小さくでき，グラウンド上にノイズ電圧が発生しにくくなります．また，電源線や信号線はマイクロストリップライン（ p.23 2.7, p.24 2.8）の構造となるため，ノイズが発生しにくくなります．さらに，グランドプレーンはすべての回路のグラウンドとなるため，部品や配線のレイアウトもしやすくなります．

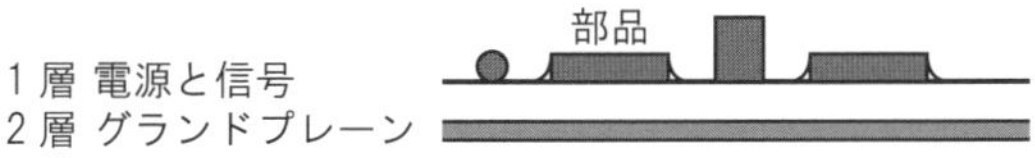

**対策例②** スペースに余裕がないときは，高周波信号が伝わる線路（高周波回路）や大電流が流れる電力回路などのノイズが発生しやすい回路のみをグランドプレーンにして，ほか

1層 電源と信号
2層 グランドプレーン
　　 と信号

部品

部品

高周波回路　　低周波回路

図 11.5

の低周波回路においては，両面に部品を配置します．

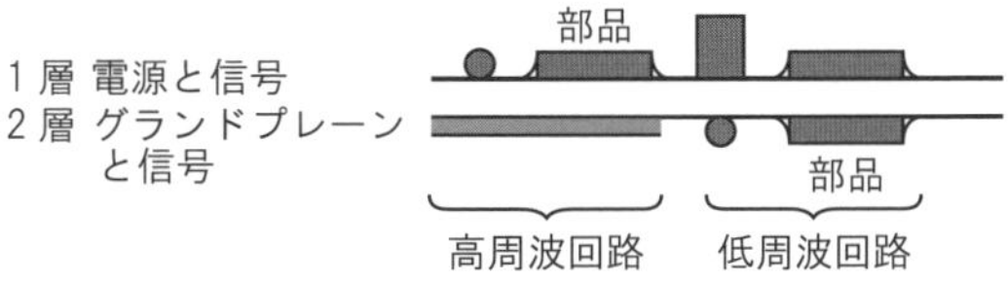

**状況** 2層基板でグランドプレーン上に電源線や信号線が配線されています. 線路の構造は, マイクロストリップラインになっていますが, 線路からノイズが発生します.

**原因?** 基板の厚み $t$ が大きいと, ノイズが発生しやすくなります. 測定点 P のノイズは, 1層目の信号線より放射された直接波と, 2層目のグランドプレーンで反射した反射波の合成になります. 反射波はグランドプレーンで位相が反転して反射されます (**～ p.168 付録 B.5**). 低い周波数では直接波と反射波の相殺のため合成波はほぼゼロとなりますが, 高い周波数では直接波と反射波は基板の厚み $t$ によって測定点までの距離が異なるため, 逆位相にならず, 測定点 P におけるノイズはゼロになりません (**～ p.15 2.3**). 高い周波数のノイズであるほど, 逆位相でなくなるため, 点 P のノイズは大きくなります.

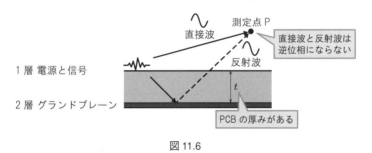

図 11.6

**対策例!** 基板の厚み $t$ を小さくして, グランドプレーンと信号線を近づけるほど, ノイズの放射は少なくなります. これは, 測定点では直接波と反射波の距離がほとんど同じになるため, それらの位相は逆位相になり, 相殺するためです.

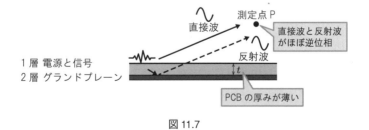

図 11.7

## 事例56 裏面に配線された電源線や信号線からノイズが発生する

> **状況** 2層基板で1層目は部品，2層目はグランドプレーンです．回路の密集度が高く，一部の配線が2層目のグランドプレーンを取り除いて配線されています．

 裏面に配線された電源線や信号線がグランドプレーンの構造になっていないため，そこからノイズが放射されます．

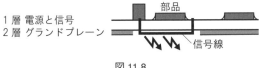

図 11.8

 4層以上の基板を使用すると，2枚のプレーン（全面が銅箔層）を構成することができ，効果的な EMC 対策を施すことができます．

1層目と4層目を電源線と信号線にして，2層目と3層目をグランドプレーンにします．表と裏の両面に配線および部品を配置して高密度でレイアウトし，すべての配線をマイクロストリップライン構造にすることで，ノイズの放射を少なくできます．

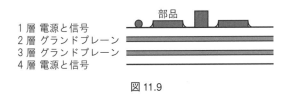

図 11.9

 1層目と4層目をグランドプレーンにして，2層目と3層目を電源線と信号線にします．電源線と信号線は，上下のグランドプレーンに挟まれているためストリップライン構造（**☏ p.23 2.7**）となり，ノイズの放射を非常に少なくできます．しかし，製作後のパターンの確認や修正が難しいのが欠点です．1層目

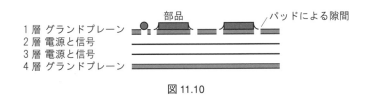

図 11.10

のグランドプレーンには，部品の取り付け用パターン（パッド）による隙間ができます．部品が多いとグランドプレーンの隙間が多くなり，EMC対策の効果が弱まります．

**対策例3** 1層目と4層目を信号線にし，2層目をグランドプレーン，3層目を電源プレーンにします．電源プレーンとは，基板の全面をパターンにしたものであり，電源のパターンとして使います．電源プレーンにすることで配線のインダクタンス成分を小さくすることができるとともに，電源プレーンをグランドプレーンに近づけることにより，2つのプレーン間には静電容量（ **p.127 事例60**）が発生し，電源プレーンに高周波ノイズが発生しにくくなります．

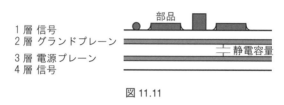

```
1層 信号
2層 グランドプレーン
3層 電源プレーン
4層 信号
```
部品
静電容量

図 11.11

---

**事例57** 高周波信号や大電流の信号線からノイズが発生する

.......................................................................................

**状況** 4層基板の2層目をグランドプレーンに，3層目を電源プレーンにしています．1層目と4層目の信号線には，通常の信号に混在して高周波信号や大電流が流れています．

---

**原因?** グランドプレーンと電源プレーンの構造にすることで放射ノイズは低減できますが，高周波信号や大電流信号の放射ノイズは大きく発生するため，周辺の回路に影響を与えます．

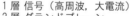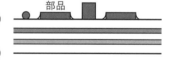

```
1層 信号（高周波，大電流）
2層 グランドプレーン
3層 電源プレーン
4層 信号（高周波，大電流）
```
部品

図 11.12

**対策例** 6層構造にして，高周波信号や大電流が流れる配線をストリップライン構造（ **p.23 2.7**）にします．6層構造にすることにより，効果的なEMC対策をしながら高密度なレイアウトができます．高周波信号や大電流の信号は，3層目に配線しています．2層目と4層目をグランドプレーンにすることで，線路をストリップライン構造にします．大きなノイズ源となる3層目の配線は，2層目と

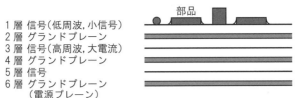

1層 信号（低周波, 小信号）
2層 グランドプレーン
3層 信号（高周波, 大電流）
4層 グランドプレーン
5層 信号
6層 グランドプレーン
　　（電源プレーン）
部品

図 11.13

4層目のグランドプレーンによりシールドされており, 基板の外部にノイズが漏れるのを防ぎます. 低周波や小信号の信号線は, 3層目のノイズ源となる配線との干渉を防ぐために1層目と5層目に配線します. 6層目は, グランドプレーンや電源プレーンにして5層目の信号線のノイズをシールドします. このように, 層を増やすと効果的なノイズ対策が期待できますが, 基板の価格は高くなります.

事例58

## 事例58 基板の端からノイズが発生する

状況 6層基板を使って EMC 対策をしたレイヤー構造（ p.124 事例57）です. グランドプレーンでノイズ源となる3層目, 5層目の信号線を挟んでいます.

基板の端が開放されているため, ノイズが3層目, 5層目の基板の端から放射されます.

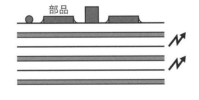

1層 信号
2層 グランドプレーン
3層 信号（高周波, 大電流）
4層 グランドプレーン
5層 信号
6層 グランドプレーン
　　（電源プレーン）
部品

図 11.14

2層目から6層目のグランドプレーンの端部にビアを挿入してノイズが漏れないようにします. ビアを千鳥配置にして, ビアの隙間よりノイズが漏れるのを低減します.

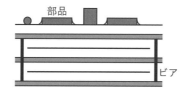

1 層 信号
2 層 グランドプレーン
3 層 信号(高周波, 大電流)
4 層 グランドプレーン
5 層 信号
6 層 グランドプレーン

千鳥配置のビア

11.15

---

**事例59** デジタルノイズがアナログ回路に入り込む

**状況** 基板上にアナログ回路とデジタル回路が混在してレイアウトされています ( p.104 事例 40).

デジタル回路のノイズがアナログ回路に入り込み, 影響を及ぼします.

アナログ回路とデジタル回路が混在

アナログ回路　デジタル回路　アナログ回路　デジタル回路

図 11.16

**対策例** 多層基板を使って, アナログ回路とデジタル回路を層によって分離します. 8 層基板を用いて, 1〜4 層目をアナログ回路, 5〜8 層目をデジタル回路に割り当てています. 4 層目と 5 層目に電源プレーンを配置することにより, 電源プレーンがシールド板として動作するため, デジタル回路の信号がアナログ回路に影響を与えないようになります.

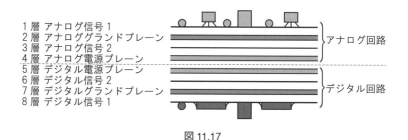

1 層 アナログ信号 1
2 層 アナロググランドプレーン
3 層 アナログ信号 2
4 層 アナログ電源プレーン
5 層 デジタル電源プレーン
6 層 デジタル信号 2
7 層 デジタルグランドプレーン
8 層 デジタル信号 1

アナログ回路

デジタル回路

図 11.17

---

**point** グランドプレーンと同様に, 電源プレーンもノイズを遮断するシールド板として使われます.

**事例60** デカップリングコンデンサを挿入しても電源プレーンのノイズが落ちない

**状況** グランドプレーンと電源プレーン間の静電容量は数 nF 程度であり，あまり大きな値ではありません．静電容量で電源プレーン上のノイズを除去する方法（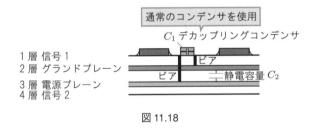 p.123 事例 56）は，高周波ノイズを除去するのに対しては有効ですが，低周波ノイズに対して有効ではありません．そこで，プレーン間容量をより大きくするために，グランドプレーンと電源プレーン間にビアを通して通常のデカップリングコンデンサ $C_1$ を並列接続で挿入しています．

**原因❓** 電源プレーンとグランドプレーン間にデカップリングコンデンサを接続すると反共振（ p.93 事例 33）が起こり，一部の周波数のノイズは除去できなくなります．デカップリングコンデンサ $C_1 = 0.1\,\mu\mathrm{F}$ とプレーン間容量のコンデンサ $C_2 = 0.01\,\mu\mathrm{F}$ (10 nF) のインピーダンス特性は，図 11.19 のようになります．①は $C_2$ のみのインピーダンス，②は $C_1$ のみのインピーダンスの特性です．$C_2$ は純粋なコンデンサとして動作して ESL を含んでいません．一方，$C_1$ は，通常のコ

通常のコンデンサを使用

$C_1$ デカップリングコンデンサ

1 層 信号 1
2 層 グランドプレーン
3 層 電源プレーン
4 層 信号 2

ビア

静電容量 $C_2$

図 11.18

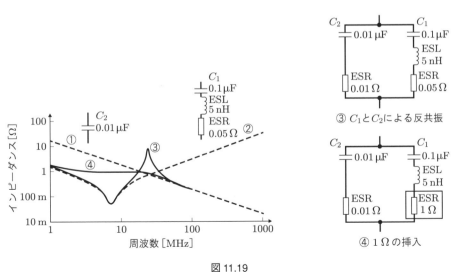

③ $C_1$ と $C_2$ による反共振

④ 1 Ω の挿入

図 11.19

ンデンサであり, 寄生素子 ESL を 5 nH, ESR を 0.05 Ω含んでいます.

図 11.19 の③は, $C_1$と $C_2$を並列接続したときのインピーダンス特性です. 反共振によって 25 MHz あたりで高いインピーダンスの箇所が発生するため, 電源プレーン上のノイズは減衰しにくくなります.

> 対策例! 反共振対策用のコンデンサを使うと, インピーダンス特性は図 11.19 の④のようになります. $C_1$に ESR が 1 Ωのものを使うと反共振が抑制され, インピーダンス特性は平坦になります. このように, プレーン間容量にデカップリングコンデンサを追加する際は, ESR を調整することで平坦なインピーダンス特性が得られます.

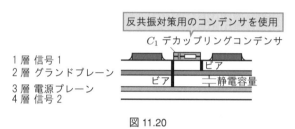

図 11.20

> 詳しい解説 電源プレーンとグランドプレーンを近づけるとプレーン間で発生する静電容量は, ESL の小さな良質のデカップリングコンデンサとして動作するため, 高周波ノイズに対してデカップリングコンデンサが不要になります. プレーン間の距離 $d$ が近いほど, プレーン間の容量 $C$ は大きくなり, その値は次式で求めることができます.

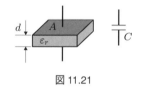

図 11.21

$$C = \frac{\varepsilon_0 \varepsilon_r A}{d} \, [\mathrm{F}]$$

ここで, $\varepsilon_0 = 1/(36\,\pi) \fallingdotseq 8.85\,\mathrm{pF/m}$ は空間の誘電率, $\varepsilon_r$ は基板の比誘電率, $A$ は基板 (プレーン) の面積 $[\mathrm{m}^2]$, $d$ はプレーン間の距離 $[\mathrm{m}]$です.

上の式は, 長さを cm に変換すると, 次の式で表されます.

$$C = k\,\frac{\varepsilon_r A}{d} \, [\mathrm{pF}]$$

ここで, $k = 0.885$ は変換係数です.

たとえば, 基板の面積 $100\,\mathrm{cm}^2$, 基板の厚み $0.45\,\mathrm{mm}$ ($0.045\,\mathrm{cm}$), ガラス基板 (FR4) の比誘電率 4.5 では, グランドプレーンと電源プレーンの容量 $C$ は上式より 8.85 $\times\,10^3\,\mathrm{pF} = 8.85\,\mathrm{nF}$ となります.

**事例61** マイクロストリップラインからノイズが発生する

**状況** 2つのグランドプレーンにまたがって信号線を配線する場合，リターン電流が戻れるように2つのグランドプレーンをビアでつなげる必要があります．1層目と4層目が信号線，2層目と3層目がグランドプレーンの4層基板において，信号線を1層目から4層目へシグナルビアを通して配線し，シグナルビアから少し離れた場所に，2層目と3層目のグランドプレーンを接続するためにグラウンドビアを設けています．

**原因** 信号電流はシグナルビアを通り，グランドプレーンを流れるリターン電流はグラウンドビアを通って戻ります．シグナルビアとグラウンドビアが離れていると，2つのビア間でできる電流ループ面積が大きくなるため，ノイズが放射されやすくなります．

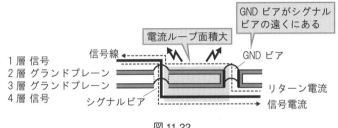

図 11.22

**対策例①** グラウンドビアをシグナルビア付近に配置することで，電流ループ面積が小さくなるため，ノイズは発生しにくくなります．このように，信号線を2つのグランドプレーンにまたがって配線する場合は，シグナルビアの付近に，グランドビアを配置する必要があります．

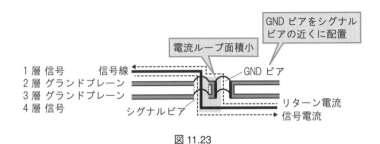

図 11.23

対策例❷ 3層基板で，2層目の上面を1層目の信号線のグランドプレーン，2層目の下面を3層目の信号線のグランドプレーンとして使用すると，特別なEMC対策をする必要はありません．上面と下面のグランドプレーンは，シグナルビアでつながっています．ビア部での信号電流とリターン電流はすぐ近くを通るため，ビアによる電流ループはなくなり，ノイズは放射されにくくなります．

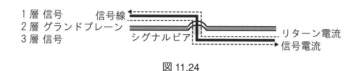

図 11.24

# 12 コモンモードノイズ

モードとは，信号やノイズの伝わりかたのことです．ノイズは伝わりかたによって，ノーマルモードノイズとコモンモードノイズに分けられます．このモードの違いを活用して伝えたい信号とノイズを分離し，ノイズのみを除去することができます．この章では，モードによるノイズの伝わりかたの違いとコモンモードノイズが発生するしくみ，そしてその対策方法を解説します．

## 12.1 コモンモードノイズとは

信号やノイズの伝わりかたは，電流が電線を流れて伝わるノーマルモードと空間（浮遊容量）を介して流れるコモンモードの2つがあります．

☑**ノーマルモード**　図 12.1 (a) は，信号源と負荷 $Z_L$ を平行ケーブルで接続しています．片方の線で信号を送り，もう一方の線で信号を戻します．電線に流れる電流 $i_1$ と $i_2$ は，反対方向で，電流の大きさは同じです．この信号の伝わりかたを**ノーマルモード**，またはディファレンシャルモードといい，このときに流れる電流をノーマルモード電流といいます．

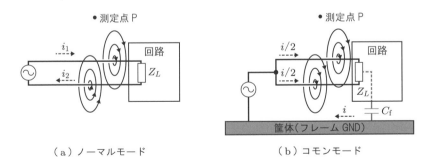

（a）ノーマルモード　　　　　　　（b）コモンモード

**図 12.1　モードによる信号の伝わりかた**

☑**コモンモード**　図 12.1 (b) は，平行線を束ねて信号を送り，筐体や地面を使って信号を戻します．図中の $C_f$ は，筐体と回路間の浮遊容量です．平行線には，電流 $i/2$ が同じ方向に流れ（コモンモード電流），筐体（フレームグラウンド）には 2

つの電流を合わせた $i$ が逆方向に流れます．この信号の伝わりかたを**コモンモード**
といい，このときに流れる電流をコモンモード電流といいます．

### ☑モードによるノイズの放射の違い

- ノーマルモードノイズ：ノーマルモードで伝わるノイズを**ノーマルモードノイズ**といいます．図 12.1 (a) に示すように，ノーマルモードノイズの電流は 2 本のケーブルに流れる電流の大きさがほぼ同じで，かつ向きが反対であるため，遠方点 P では 2 本のケーブルから放射される電磁界は互いに打消しあいます．その結果，ノーマルモードノイズによる周辺機器への影響は小さくなります．
- コモンモードノイズ：コモンモードで伝わるノイズを**コモンモードノイズ**といいます．図 12.1 (b) のように，コモンモードノイズの電流は同じ方向に流れるため，放射される電磁界は測定点 P では互いに強めあいます．そのため，コモンモードノイズの電流は小さくても周辺への影響は大きくなります（⚡ **p.172 付録 B.9**）．コモンモードノイズは，浮遊容量 $C_f$ を介して発生します．低い周波数では，浮遊容量のインピーダンスが高くなり，コモンモード電流は流れにくくなります．そのため，コモンモードノイズは低い周波数では発生しにくく，高い周波数になるほど発生しやすくなります．

### 12.2 コモンモードノイズの発生源

図 12.2 (a) は，基板（PCB）上にある直流電源 $E$ にケーブルを接続した回路です．ケーブルは，シャーシの外に引き出されています．PCB のシグナルグラウンドは，ケーブルと反対側でシャーシに接続されています．シグナルグラウンド上の $V_G$ は，グラウンドに発生したノイズ電圧です（⚡ **p.96 事例 34，p.101 事例 37**）．この $V_G$ がコモンモードノイズの発生源となります．

フレームグラウンドを基準に考えると，2 本のケーブルには $V_G$ が加わるため，

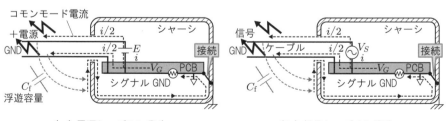

(a) 電源ケーブルに発生      (b) 信号ケーブルに発生

**図 12.2** コモンモード電流による電磁ノイズ発生のしくみ

同じ方向にコモンモード電流が流れます．2本のケーブルに流れたコモンモード電流は，ケーブルとシャーシ間の浮遊容量 $C_f$ を介してシャーシに流れます．このとき，ケーブルに流れたコモンモード電流により空間に電磁ノイズが放射されます．シャーシの外側に流れた電流は，シャーシの内部に流れ，信号源に戻ります．

図 12.2 (b) は図 12.2 (a) の電源 $E$ を信号源 $V_S$ にした場合で，こちらも同様にコモンモード電流により電磁ノイズが発生します．

---

**事例62** フィルタを挿入してもケーブルからコモンモードノイズが放射される

**状況** コモンモードノイズを遮断するため，ケーブルの接続部に LC フィルタを入れています．

事例 62

 LC フィルタを挿入しても，コモンモードノイズには効果がありません．コモンモード電流はシグナルグラウンドからマイナス側のケーブルに流れるため，コモンモード電流はコンデンサ $C$ を介してプラス側のケーブルにも流れ，コモンモードノイズが放射されます．

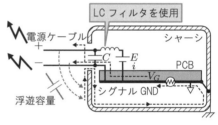

図 12.3

 電源ケーブルのプラス，マイナス両方に，それぞれコイルやフェライトビーズを挿入することで，コモンモードノイズは放射されにくくなります．

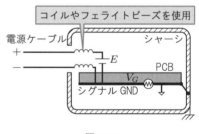

図 12.4

**事例63** 信号ケーブルにフィルタを挿入すると伝達したい信号が減衰する

**状況** 信号ケーブルに流れるコモンモード電流を遮断するため，基板とケーブルの接続部にフィルタとしてコイルやフェライトビーズを挿入しています．

**原因** シグナルグラウンド上に発生したノイズ $V_G$ と信号 $v_s$ の周波数が離れている場合は，この方法でもノイズを減衰させることは可能ですが，$V_G$ と $v_s$ の2つの周波数が重なっていると，一般的なフィルタではノイズのみを減衰させることはできません．

図 12.6 (a) のように信号とノイズの周波数が離れていれば，カットオフ周波数をその中間に設定することでノイズのみを減衰することができます．しかし，図 12.6 (b) のように信号とノイズの帯域が重なっていると，カットオフ周波数 $f_c$ をどこに設定しても問題が生じます．たとえば，$f_c$ を低くすると信号が減衰されてしまいますし，$f_c$ を高くすると周波数の低いノイズが減衰しなくなります．

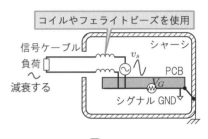

図 12.5

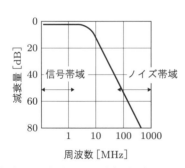

（a）ノイズと信号の周波数が分離している場合

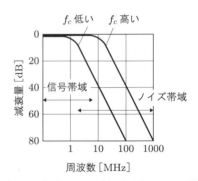

（b）ノイズと信号の周波数が重なっている場合

図 12.6　フィルタの理想特性と実際の特性

 **対策例1** コイルやフェライトビーズの代わりに，コモンモードチョークコイルをケーブルに挿入します．コモンモードチョークコイルは，ノーマルモードの信号は通しますが，コモンモードのノイズを通しません．そのため，図 12.6 (b) のように信号とノイズの帯域が重なっていても，信号は負荷に伝わりますが，コモンモードノイズはフィルタで減衰されて負荷に伝わりません．このように，一般的

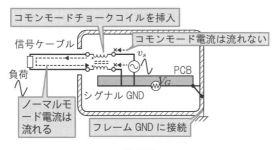

図 12.7

なフィルタは周波数によって信号とノイズを分離するのに対して，**コモンモードチョークコイル**は，モードによって分離します．コモンモードチョークコイル（ p.150 付録 A.4）は，コモンモードノイズの対策をするのに重要な部品となります．

　右の図はトランスを用いた対策です．トランスはノーマルモード電流のみを伝達し，コモンモード電流を通さないため，コモンモードノイズを遮断できます．ただし，伝達できる信号は，交流成分のみで，直流成分は遮断されます．

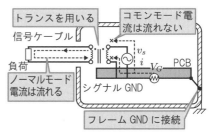

図 12.8

　図 12.8 の等価回路は図 12.9 のようになります．信号電圧 $v_s$ は，トランスの 1 次側に加わる電圧 $V_1$ となり，2 次側には出力電圧 $V_2$ が発生します．一方，コモンモードノイズ $V_G$ は，トランスの 1 次側の 2 つの端子に同電圧で加わります．トランスに加わるノイズ電圧 $V_1$ は 0 であり，コモンモード電流は 2 次側には流れません．

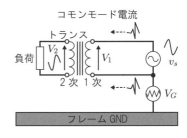

図 12.9　トランスによるコモンモードノイズの除去

　図 12.10 は，**フォトカプラ**を用いて対策した例です．フォトカプラは図 12.11 のように LED とフォトトランジスタを組みあわせて構成されています．電気信号を LED で光に変換して，その光をフォトトランジスタで再度電気信号に戻します．入出力は電気的に完全に切り離されているため，フォトカプラを挿入することにより，PCB 上で発生したコモンモードノイズ $V_G$ を完全に遮断できます．ただし，信号源 $v_s$ は 1.2 V 以上のパルス波である必要があり，伝達できるのは 1,0 のデジタル信号です．

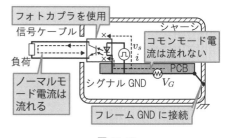

**図 12.10**

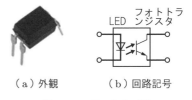

（a）外観　　　（b）回路記号

**図 12.11　フォトカプラ**

　図 12.12 に，フォトカプラを使用してコモンモードノイズ対策をした回路を示します．図 12.12 (a) は，フォトカプラを伝達したいパルス波で直接駆動させる回路です．入力側にパルス電圧が加わると，LED に電流が流れて光ります．その光に反応してフォトトランジスタはスイッチング ON の状態になり，入力の論理と反対のデジタル信号を出力します．グラウンドは，フォトカプラの入力側（GND1）と出力側（GND2）で分離して，GND1 に流れるコモンモードノイズが GND2 に伝わらないようにします．回路図中の $R_1$ は LED に流れる電流 $I_F$ を制限するための抵抗です．LED に流す電流は，数 mA 〜 10 mA 程度です．$R_2$ は，入力側にノーマルモードのノイズ電流が流れたときに LED にノイズ電流が流れないようにするための抵抗です．$R_L$ は，フォトトランジスタをスイッチングさせるた

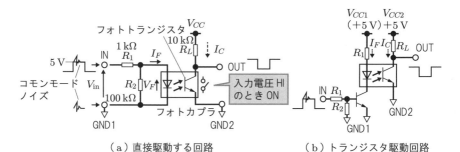

（a）直接駆動する回路　　　　（b）トランジスタ駆動回路

**図 12.12　フォトカプラを使用したノイズ対策回路**

めの抵抗です.

LED に流れる電流 $I_F$ は,次式で求められます.

$$I_F = \frac{V_{\text{in}} - V_F}{R_1}$$

ここで,$V_F$ は LED の順方向電圧です.

$V_{\text{in}} = 5\,\text{V}$,$V_F = 1.3\,\text{V}$,$R_1 = 1\,\text{k}\Omega$ とすると,上式より $I_F = 3.7\,\text{mA}$ と計算できます.

図 12.12 (b) は,駆動回路にトランジスタを使った例です.フォトカプラの入力電流 $I_F$ や入力電圧 $V_{\text{in}}$ が不足して LED を直接駆動できないときに使います.電源とグラウンドは,入力側と出力側で分けるようにします.

フォトカプラで伝達できる信号はデジタル信号のみです.アナログ信号を伝達するときは.A/D と D/A 変換回路を追加する必要があります.

---

**事例64** ケーブルでコモンモードノイズを受信する

**状況** マイクの信号をアンプで増幅し,それをスピーカーで鳴らす音響システムです.マイクとアンプは平行ケーブルで直接接続されています.

ケーブルに発生したコモンモードノイズが基板上でノーマルモードのノイズに変換され,それがアンプで増幅され,スピーカーからノイズ音が出ます.

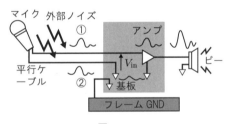

図 12.13

**詳しい解説** 図 12.13 では,外部ノイズによる影響で,2 本のケーブルにはコモンモードノイズが発生します.ケーブル上のノイズ電圧①は,そのままアンプの入力に加わります.一方,②のノイズは低インピーダンスの基板のグラウンドにつながっているため,ノイズ電圧はほとんど発生せず,アンプの入力にはノーマルモードノイズ $V_{\text{in}}$ が加わります.

このシステムを等価回路におき換えると,図 12.14 のようになります.$V_{\text{com}}$ は平行ケーブルに加わるノイズ源です,$Z_1$,$Z_2$ はケーブルのインピーダンス,$Z_3$,$Z_4$ は各ケーブルから回路を見たときの入力インピーダンスです.このとき,基準とするグラウンドは筐体(フレームグラウンド)です.

ノーマルモードノイズ $V_{in}$ は，各ケーブルのイン
ピーダンスと入力インピーダンスの分圧の差で，次
のように求められます.

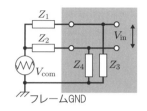

図 12.14　コモンモードノイズ
受信時の等価回路

$$V_{in} = V_{com}\left(\frac{Z_3}{Z_1 + Z_3} - \frac{Z_4}{Z_2 + Z_4}\right)$$

平行ケーブルのため，$Z_1$ と $Z_2$ は同じとします.
ここで，もし $Z_3$ と $Z_4$ が同じであれば，$V_{in}$ は生じ
ません. しかし，図 12.13 の回路では $Z_4 \fallingdotseq 0$ であり，
$Z_1 \ll Z_3$ の条件を加えると，上式より $V_{in} = V_{com}$ と
なります. つまり，ケーブル①に加わったコモンモードノイズが，ノーマルモード
ノイズに変換されてアンプに加わります.

対策例❶　アンプの入力部にトランス，コモンモードチョークコイル，フォトカプラ
を入れることで，コモンモードノイズを遮断できます（🏃 p.134 事例 63）.
いずれも受信側で対策します.

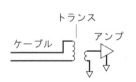

（a）トランスを用いた対策

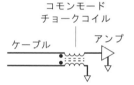

（b）コモンモードチョーク
コイルを用いた対策

（c）フォトカプラを用いた対策

図 12.15

対策例❷　アンプの入力部に差動増幅器を使う
と，コモンモードノイズの影響を受け
なくなります. 差動増幅器は，2 つの入力の電
圧差を増幅するため，マイクのノーマルモード
の信号は増幅しますが，同相信号であるコモン
モードノイズは増幅されません.

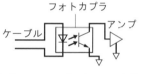

図 12.16

その他
の対策　シールドケーブルを使用して，外部ノイズが信号ケーブルに入らないよ
うにする（🏃 p.21 2.6）.

**電源ラインからノイズが侵入して機器が誤動作する**

<u>状況</u> オーディオ機器，パソコン，電子レンジが，同じ電源ラインに接続されています．

 電子レンジやパソコンなどの電子機器の電源からは，ノーマルモードノイズとコモンモードノイズが混合したノイズが漏れ出します．また，電源ラインには，外来ノイズの影響を受けてコモンモードノイズが流れます．

ノイズが乗った電源ラインにノイズの影響を受けやすいオーディオ機器が接続されると，ノイズが機器に入り込み，誤動作することがあります．

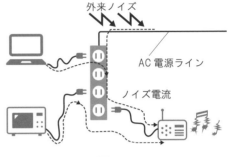

図 12.17

 機器と電源ケーブルの間に，市販されている図12.19 のような**ラインフィルタ**を入れることで，電源ラインから伝わるノイズを取り除きます．図 12.19 (a) は一般タイプ，図 12.19 (b) は電源コードコネクタタイプです．ラインフィルタは，ノーマルモードノイズとコモンモードノイズの両方に効果があります．

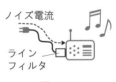

図 12.18

（a）一般タイプ 　　（b）電源コードコネクタタイプ

図 12.19 ラインフィルタ[提供：TDK]

 これらの問題を防ぐために，電源ラインに対するエミッションおよびイミュニティに関する規制が定められています（～ p.182 付録 D）．

**詳しい解説** ラインフィルタの回路は，図 12.20 のようになります．$L_1$ は，コモンモードチョークコイルです．$C_{X1}$ と $C_{X2}$ は X コンデンサというノーマルモードノイズに対するフィルタで，$C_Y$ は Y コンデンサというコモンモードノイズに対するフィルタです．Y コンデンサは，フレームグラウンドに接地します．抵抗 $R_0$ は，電源を切ったあとにコンデンサに蓄積した電荷を放電させるために安全上の理由で取り付けられたもので，1 MΩ 程度の高い抵抗値です．

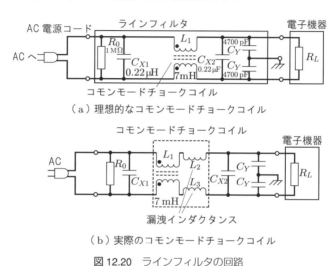

（a）理想的なコモンモードチョークコイル

（b）実際のコモンモードチョークコイル

**図 12.20** ラインフィルタの回路

図 12.20（a）は理想的なコモンモードチョークコイルですが，実際のコモンモードチョークコイルには**漏洩インダクタンス**が存在します．そこで，漏洩インダクタンス $L_2$，$L_3$ を考慮すると，図 12.20（b）のようになります．

| 用 語 | 漏洩インダクタンス：2つの巻き線間の不完全な磁界の結合のために生じるインダクタンスで，通常は数 µH ～ 数十 µH です． |
|---|---|

☑**ノーマルモードノイズに対するラインフィルタの動作** 図 12.21（a）のように，ラインフィルタのチョークコイルは，電源ラインから伝わるノーマルモードノイズに対して，漏洩インダクタンス $L_2$ と $L_3$ が動作します．コモンモードチョークコイル $L_1$ のインピーダンスはノーマルモードでは 0 になります（📱 p.150 付録 **A.4**）．右側のコンデンサは $C_{X2}$ と $C_{Y2}$ の合成コンデンサです．$Z_{d1}$ は，電源側のインピーダンスです．ノーマルモード電流 $i_d$ は，2 つの X コンデンサを通って戻るため，負荷（電子機器）$R_L$ に流れにくくなります．

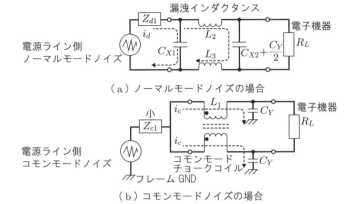

図 12.21 電源ライン側から伝わるノイズ

（a）ノーマルモードノイズの場合

（b）コモンモードノイズの場合

☑**コモンモードノイズに対するラインフィルタの動作** ラインフィルタは，電源ラインから伝わるコモンモードノイズに対して，図 12.21 (b) のようになります．$Z_{c1}$ は，電源側のコモンモード時のインピーダンスです．コモンモード電流 $i_c$ は，コモンモードチョークコイル $L_1$ を通過したあと，Y コンデンサ $C_Y$ を通ってフレームグラウンドに流れます．$L_1$ と $C_Y$ による LC フィルタによって $i_c$ は減衰され，負荷 $R_L$ に流れにくくなります．なお $C_{X1}$ は同相電圧が加わるため，$C_{X1}$ は無視しています．

その他
の対策

- 電源ケーブルと機器の間にコモンモードチョークコイルを挿入すると，コモンノードノイズ対策としてある程度の効果があります．
- フェライトコアに電源ケーブルを貫通させる，または巻き付けるだけで，コモンモードチョークコイルを構成することができます（ p.150 付録 A.4）.

**事例66** 電子機器の電源ラインからノイズが発生する

**状況** 電子機器を動作させるとほかの電子機器にノイズの影響が出ます.

 機器内部で発生したノイズは,電源ラインを伝わって流れてほかの機器に入り込みます.また,電源ラインを流れるノイズは,ノイズとして放射されて,ほかの機器に影響を与えます.

図 12.22

 電子機器と電源ケーブルの間にラインフィルタを挿入することで,内部で発生したノイズが電源ケーブルから漏れ出すのを防ぎます.

図 12.23

### 詳しい解説

**☑ノーマルモードノイズに対する動作** ラインフィルタは,電子機器側から伝わるノーマルモードノイズに対して,図 12.24 (a) のようになります.$Z_{d2}$ は,装置側のインピーダンスです.$L_2$ と $L_3$ は,コモンモードチョークコイルの漏洩インダクタンスです.ノーマルモード電流 $i_d$ は,X コンデンサ($C_{X1}$, $C_{X2}$)を通って戻るため,電源ラインに電流は流れにくくなります.

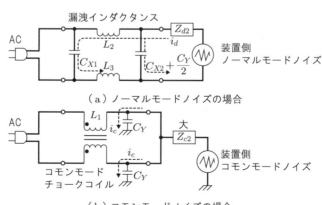

(a) ノーマルモードノイズの場合

(b) コモンモードノイズの場合

図 12.24 装置から発生したノイズ

**☑コモンモードノイズに対する動作**　ラインフィルタは，電子機器側から伝わるコモンモードノイズに対して，図 12.24 (b) のようになります．$Z_{c2}$ は装置側のコモンモード時のインピーダンスです．コモンモード電流 $i_c$ は，コモンモードチョークコイル $L_1$ で流れを妨げられるだけでなく，Y コンデンサ $C_Y$ によってグラウンドに落とされるため，電源ラインに電流は流れにくくなります．

　Y コンデンサの値を大きくするとフィルタによる減衰は大きくなりますが，フレームグラウンドに流れる電源の漏れ電流も大きくなって感電の危険のおそれがあるため，その容量値は制限されています．

**☑ラインフィルタの向き**　図 12.21 のように，ラインフィルタは $C_{X1}$ 側を電源ラインに，$C_{X2}$ 側を電子機器に接続します．

　電源ラインは長いため，電源ラインと筐体間の浮遊容量は大きくなり，図 12.21 (b) の $Z_{c1}$ は小さな値となります．$Z_{c1}$ を LC フィルタの L 側に接続することにより，フィルタの減衰効果が大きくなります．一方，電子装置側の配線は短いため，配線と筐体間の浮遊容量は小さくなり，図 12.24 (b) の $Z_{c2}$ は大きな値となります．$Z_{c2}$ を LC フィルタの C 側と接続することにより，フィルタの減衰効果は大きくなります．

事例 67

---

> **事例67**　ラインフィルタの取り付けかたが悪くてノイズが減衰しない

> **状況**　電源ケーブルにラインフィルタを挿入しています．

**原因❶**　ラインフィルタを電源ケーブルの先端に付けると，電源ケーブルがアンテナとなり，電源ケーブルに流れたノイズ電流がノイズとなって放射されます．

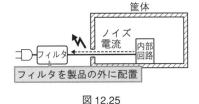

図 12.25

**原因❷**　ラインフィルタを筐体の中央付近に配置すると，フィルタに接続された入出力線の浮遊容量の影響により，電源ケーブルにノイズ電流が流れたり，筐体内で飛び交うノイズを受信したりして，電源ケーブルからノイズが放出されます．

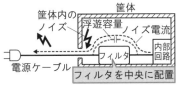

図 12.26

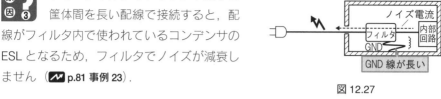

**原因❸** ラインフィルタのグラウンド端子と
筐体間を長い配線で接続すると，配
線がフィルタ内で使われているコンデンサの
ESL となるため，フィルタでノイズが減衰し
ません（〰 **p.81 事例 23**）．

図 12.27

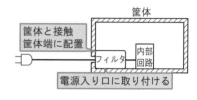

**対策例！** ラインフィルタを筐体と接触させて
挿入することで，コモンモード電流
が筐体に流れやすくなります．また，フィル
タを筐体の電源ケーブルを通す穴付近に配置
することで，減衰効果が高まります．

電源コードコネクタタイプのラインフィル
タ（〰 **p.139 事例 65**）は必然的にこの配置と
なるため，データーシートに書かれている減衰特性が得られます．

図 12.28

# 付 録

# 付録 A　フィルタと伝送路

　ここでは，本編に書かれているフィルタや伝送路，共振などの回路系に関する用語や基礎理論について解説します．

**A.1** グラウンドの種類　　　　　　　　　　　 p.32 3.3, p.105 事例41

　**グラウンド**（GND）とは，回路の基準となる電位のことで，一般には 0 V として考えます．グラウンドには，シグナルグラウンド，フレームグラウンド，アースの 3 つがあります．各グラウンドの回路記号を図 A.1 に示します．

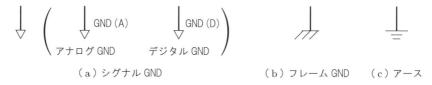

（a）シグナル GND　　　　　　　　　（b）フレーム GND　　（c）アース

図 A.1　各種グラウンド回路記号

- **シグナルグラウンド**：基板上の回路動作の基準電位とするグラウンドです．シグナルグラウンドは，基板上でデジタル回路とアナログ回路が混在している場合，デジタル回路のグラウンド（デジタルグラウンド）とアナログ回路のグラウンド（アナロググラウンド）に分ける場合があります．その際，デジタルグラウンドには「GND(D)」や「D.G.」，アナロググラウンドには「GND(A)」や「A.G.」と記載します．
- **フレームグラウンド**：金属筐体（フレーム）を基準電位とするグラウンドです．グラウンド面を大きくすることができ，グラウンドにノイズを乗りにくくすることができます．シャーシグラウンドともよばれます．
- **アース**：地面は大きな導体です．回路を地面に接続し，地面をグラウンドにすることをアースまたは接地といいます．アースすることで，離れた場所のシステムをつなぐとき，グラウンド線が不要になります．また，アースは落雷や漏電による事故を防ぐためにも使われます．

　デシベルの単位 [dB] を使うと桁数の大きな数値を少ない桁数で表現できるため，広範囲にわたる量を扱ったり，グラフに表したりするのに便利です．デシベルの単位は電気分野ではよく使われます[1]．

　デシベルには，相対デシベルと絶対デシベルがあります．**相対デシベル**は，2つの量の比率（相対的な値）を表します．一方，絶対デシベルは，ある基準値に対する比率（絶対的な値）を表します．

☑**相対デシベル**　　図 A.2 のように，あるモジュールの入力に $a$ が入り，その出力が $b$ であった場合，入出力比は $b/a$ です．これをデシベルで表すと以下のようになります．入出力量が電圧や電界のときと電力では，計算式が異なります．

$$電圧比，電界比　　20\log\left(\frac{b}{a}\right)[\text{dB}] \tag{A.1}$$

$$電力比　　　　　　10\log\left(\frac{b}{a}\right)[\text{dB}] \tag{A.2}$$

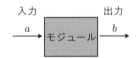

**図 A.2**　モジュールの入出力

　表 A.1 に，よく使う比率とデシベルの変換値を示します．比率が 1 倍より大きいときはデシベルの値はプラスに，小さいときはマイナスになります．

**表 A.1**　比率とデシベルの変換

| $\dfrac{b}{a}$ | $10\log\left(\dfrac{b}{a}\right)[\text{dB}]$ | $20\log\left(\dfrac{b}{a}\right)[\text{dB}]$ |
|:---:|:---:|:---:|
| 1000 | 30 | 60 |
| 100 | 20 | 40 |
| 20 | 13 | 26 |
| 10 | 10 | 20 |
| 3 | 5 | 10 |
| 2 | 3 | 6 |
| $\sqrt{2}$ | 1.5 | 3 |
| 1 | 0 | 0 |
| 1/2 | $-1.5$ | $-3$ |
| 1/10 | $-10$ | $-20$ |
| 1/100 | $-20$ | $-40$ |
| 1/1000 | $-30$ | $-60$ |

**✓絶対デシベル**　式 (A.1), (A.2) の分母 $a$ がある基準値として計算した値を, **絶対デシベル**といいます. 基準値が電力の場合, 式 (A.2) の分母 $a$ は 1 mW に設定され, 絶対デシベルは [dBm] で表されます. たとえば, $b$ の値が 1 W では絶対デシベルは 30 dBm になります.

基準値が電圧の場合, 式 (A.1) の分母 $a$ は 1 V, または 1 μV に設定され, 絶対デシベルはそれぞれ [dBV], [dBμV] で表されます. たとえば $b$ の値が 1 mV では, 絶対デシベルは−60 dBV もしくは 60 dBμV になります.

基準値が電界の場合, 式 (A.1) の分母 $a$ は 1 V/m, または 1 μV/m に設定され, 絶対デシベルは [dBV/m], [dBμV/m] で表されます.

表 A.2 に絶対デシベルを使った基準と単位をまとめます.

表 A.2

| 物理量 | 単位 | 基準値 | 計算式 |
|---|---|---|---|
| 電力 | dBm | 1 mW | $10\log b$ |
| 電圧 | dBV, dBμV | 1 V, 1 μV | $20\log b$ |
| 電界 | dBV/m, dBμV/m | 1 V/m, 1 μV/m | $20\log b$ |

## A.3　フィルタで減衰するしくみ　〜 p.39 4.4

**✓ RC フィルタ**　ここでは, 図 A.3 の RC フィルタ回路によって信号が減衰するしくみを図と式を使って解説します.

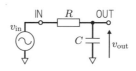

図 A.3　RC フィルタ回路

図 A.4 (a) に, 周波数が低いとき (通過域) の等価回路を示します. $C$ のインピーダンス $|Z_C|$ は, 図 4.4 で示したように, 低い周波数では大きくなります. $|Z_C|$ が $R$ と比較して十分大きいとき, 開放とみなすことができます. そのため $v_{out} = v_{in}$ となり, 減衰はありません.

図 A.4 (b) に, 周波数が高いとき (減衰域) の等価回路を示します. $R$ が $|Z_C|$ と比較して十分大きいとき, 出力電圧 $v_{out}$ は次式のように近似できます.

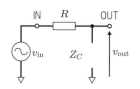 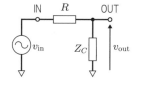

（a）周波数が低いとき　　　（b）周波数が高いとき

**図 A.4**　周波数に対する RC フィルタ回路

$$v_{\text{out}} \fallingdotseq \frac{|Z_C|}{R} \, v_{\text{in}} \tag{A.3}$$

　周波数が高くなるほど $|Z_C|$ は小さくなるため，出力電圧 $v_{\text{out}}$ も同様に周波数が高くなるほど小さくなります．これは，周波数が高くなるほど減衰量が増加していることを意味します．

**☑ LR フィルタ**　　　ここでは，図 A.5 の LR フィルタ回路によって信号が減衰するしくみを解説します．

　図 A.5（a）に，周波数が低いとき（通過域）の等価回路を示します．コイルのインピーダンス $|Z_L|$ は，図 4.4 で示したように，低い周波数では小さくなります．$|Z_L|$ が $R$ と比較して十分小さいとき，ショートとみなすことができます．そのため，$v_{\text{out}} = v_{\text{in}}$ となり，減衰はありません．

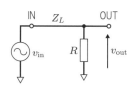 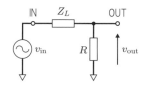

（a）周波数が低いとき　　　（b）周波数が高いとき

**図 A.5**　周波数に対する LR フィルタ回路

　図 A.5（b）に，周波数が高いとき（減衰域）の等価回路を示します．$R$ が $|Z_L|$ と比較して十分小さいとき，出力電圧 $v_{\text{out}}$ は次式のように近似できます．

$$v_{\text{out}} \fallingdotseq \frac{R}{|Z_L|} \, v_{\text{in}} \tag{A.4}$$

　$|Z_L|$ は周波数が高くなるほど大きくなるため，$v_{\text{out}}$ も同様に小さくなり，減衰量が増加します．

**☑ LC フィルタ**　　ここでは，図 A.6 の LC フィルタ回路によって信号が減衰するしくみを解説します．

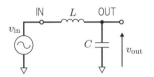

図 A.6　LC フィルタ回路

図 A.7 (a) に，低い周波数（通過域）のときの等価回路を示します．コイルのインピーダンス $Z_L = 0$，コンデンサのインピーダンス $|Z_C| = \infty$ とみなされ，入力電圧は出力にそのまま伝わります．図 A.7 (b) は高い周波数（減衰域）のときの等価回路です．$|Z_L|$ が $|Z_C|$ より十分大きいとき，$v_{\mathrm{out}}$ は次式のように近似できます．

$$v_{\mathrm{out}} \fallingdotseq \frac{|Z_C|}{|Z_L|}\, v_{\mathrm{in}} \tag{A.5}$$

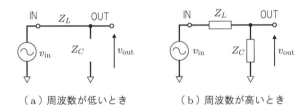

（a）周波数が低いとき　　　　（b）周波数が高いとき

図 A.7　周波数に対する LC フィルタ回路

周波数に対して，$|Z_C|$ は反比例して小さくなり，$|Z_L|$ は比例して大きくなります．そのため，減衰傾度は，1 次フィルタの 2 倍である 40 dB/dec になります．

**A.4**　　**コモンモードチョークコイル（コモンモードフィルタ）**　🎵 p.139 事例 65

**☑ 構造と回路記号**　　図 A.8 (a) のコモンモードチョークコイルは，フェライトコアを磁芯にして，2 線が上下に巻かれてインダクタが構成されています．上下に分

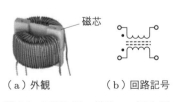

磁芯

（a）外観　　　　（b）回路記号

図 A.8　コモンモードチョークコイル

けて巻くのは，浮遊容量によって2つのコイルが結合しないようにするためです．また，浮遊容量による結合が小さくなるように，コイルの線間もなるべく離して巻き，高い周波数でもコイルとして動作するようにしています．

コモンモードチョークコイルの回路記号は，図A.8 (b) であり，トランスと同じです．

**☑しくみ**　コモンモードチョークコイルにコモンモード電流が流れたときの磁界と磁束は，図A.9 (a) のようになります．同一方向の電流（コモンモード電流）が流れると，2本の線から発生する磁芯内の磁束は同一方向となります．その結果，コイルには相互インダクタンス $M$ が発生し，コイルのインダクタンス $L$ は，次式のようになります．

$$L = L_1 + M \tag{A.6}$$

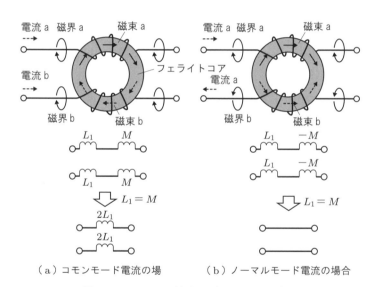

電流a 磁界a 磁束a フェライトコア
電流b 磁界b 磁束b
電流a 磁界a 磁束a
電流a 磁界b 磁束b

（a）コモンモード電流の場　　　（b）ノーマルモード電流の場合

**図A.9　コモンモードチョークコイルのしくみ**

ここで，$L_1$ はフェライトコアに線を巻いてできたコイルの自己インダクタンスです．

磁芯に漏れ磁界がないとき，$M = L_1$ となり，式 (A.6) のインダクタンス $L$ は，$2L_1$ になります．

ノーマルモード電流が流れたときは，図A.9 (b) のようになります．2つの線の電流方向は逆になるため，それぞれの線で発生する磁芯内の磁束は逆方向になります．その結果，コイルには相互インダクタンス $-M$ が発生し，コイルのインダク

タンス $L$ は次式のようになります.

$$L = L_1 - M \tag{A.7}$$

磁芯に漏れ磁界がないとき,$M = L_1$であるため,式 (A.7) のインダクタンス $L$ は,0 になります.

このように,コモンモードチョークコイルは,コモンモードノイズに対しては自己インダクタンスの 2 倍になり,大きな減衰効果があります.一方,ノーマルモードの信号に対しては,インダクタンスは 0 となり,影響を与えません.そのため,コモンモードチョークコイルは,コモンモードノイズのみを減衰させることができます.

■フェライトコアに線を巻き付けて作るコモンモードチョークコイル　図 A.10 のように,フェライトコアに平行ケーブルを通す(巻き付ける)ことで,コモンモードチョークコイルをつくることができます.

フェライトコア

束ねた
平行ケーブル

**図 A.10**　フェライトコアに巻き付けたケーブル

図 A.11 (a) のように,2 本の線 (A, B) にコモンモード電流が流れると,磁束 (A, B) が発生します.磁束 A と磁束 B は同じ方向なので強めあい,大きなインダクタンスとして動作をします(図 A.9 (a) 参照).一方,図 A.11 (b) のように,2 本の線 (A, B) にノーマルモード電流が流れると,発生した磁束 A と磁束 B は逆方向なので弱めあい,インダクタンスとして動作しません(図 A.9 (b) 参照).

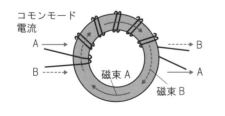

コモンモード
電流

A

B

磁束 A

磁束 B

B

A

（a）コモンモード電流の場合

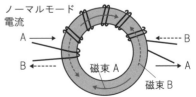

ノーマルモード
電流

A

B

磁束 A

磁束 B

B

A

（b）ノーマルモード電流の場合

**図 A.11**　コモンモードチョークコイルになるしくみ

- 巻き数とインピーダンス：平行ケーブルの巻き数は，図 A.12 (a) ～ (c) のように貫通させたものが1ターン，フェライトコアのなかを2回通したものが2ターン，3回通したものが3ターンです．1ターンでノイズ対策の効果が出なかった場合，2ターン，3ターンと巻き数を増やすことで，インピーダンスを大きくしてノイズ対策の効果を高めることができます．

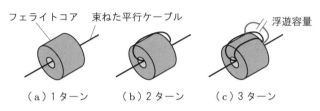

図 A.12　平行ケーブルの巻き数

　フェライトコアに巻き付けた平行ケーブルのインピーダンスの周波数特性は，図 A.13 のようになります．巻き数 1～3 ターンの結果が示されています．インピーダンスは，巻き数の2乗で増加します．巻き数を増やすと，図 A.12 (c) で示すように線間の浮遊容量の影響により，高周波でのインピーダンスは低下します．

- フェライトコアの個数とインピーダンス：フェライトコアの個数を増やしても，インピーダンスを増加させることができます．図 A.13 (b) は，フェライトコアを直列に並べたときのインピーダンス特性です．直列に並べると，並べた個数に比例してインピーダンスは高くなります．

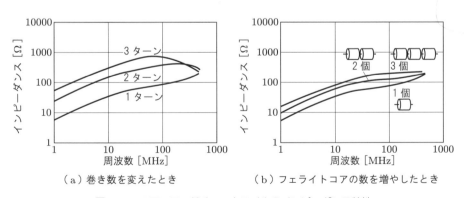

（a）巻き数を変えたとき　　　　　（b）フェライトコアの数を増やしたとき

図 A.13　コモンモードチョークコイルのインピーダンス特性

### ☑その他のフェライトコア

- コードに挟むタイプ（クランプ式）：後付けのノイズ対策として，図 A.14 の
  ようなケーブルに挟むクランプ式のフェライトコアがよく使われます．製品
  完成後にノイズ対策が必要となった場合に，ケーブルを切断せずに必要な箇
  所に挟むことによって，フィルタ効果を得ることができます．
- フラットケーブル用：フラットケーブル用のフェライトコアは，図 A.15 の
  ように，平たい形をしています．フラットケーブルの複数の線をまとめてノ
  イズ対策できます．

フェライトコア

図 A.14 クランプ式フェライトコア［提供：TDK］　　図 A.15 フラットケーブル
　　　　　　　　　　　　　　　　　　　　　　　　　　用フェライトコア
　　　　　　　　　　　　　　　　　　　　　　　　　　［提供：TDK］

### A.5 伝送線路上の波長　　　　　　　　　　　p.24 2.8, p.54 事例 1

☑同軸線路　　　光（電磁波）が物体のなかを進む速度 $C_g$ は，空間中の光の速度
$C_0$ より遅くなり，次式で表されます．

$$C_g = \frac{C_0}{\sqrt{\varepsilon_r}} \tag{A.8}$$

ここで，$\varepsilon_r$ は物体の比誘電率です．

同軸線路上の波長 $\lambda_g$ は，式（2.3）より，次のように求めることができます．

$$\lambda_g = \frac{C_g}{f} = \frac{C_0}{\sqrt{\varepsilon_r} f} = \frac{\lambda_0}{\sqrt{\varepsilon_r}} \tag{A.9}$$

ここで，$\lambda_0$ は空間中の電磁波の波長，$f$ は周波数です．

**◖))) 例題**

同軸線路内の波長 $\lambda_g$ を求めよ. 同軸線路の比誘電率は 4, 周波数 $f$ は 300 MHz とする.

**答え**  ⋯⋯⋯⋯⋯⋯⋯⋯⋯⋯⋯⋯⋯⋯⋯⋯⋯⋯⋯⋯⋯⋯⋯⋯⋯⋯⋯⋯⋯⋯⋯⋯⋯⋯⋯⋯

空間中の電磁波の波長 $\lambda_0 = C_0/f = 3 \times 10^8/(300 \times 10^6) = 1$ m

式 (A.9) より　$\lambda_g = 1/\sqrt{4} = 0.5$ m

---

**☑マイクロストリップライン**　　マイクロストリップラインの実効比誘電率（実際に影響を受ける比誘電率）$\varepsilon_{eff}$ の値は, 基板の比誘電率 $\varepsilon_r$ と線路の幅 $w$, 基板の厚み $d$ により, 次式で求められます.

$$\varepsilon_{eff} = \frac{\varepsilon_r + 1}{2} + \frac{\varepsilon_r - 1}{2\sqrt{1 + 10d/w}} \tag{A.10}$$

線路上の波長 $\lambda_g$ は, 次式で求められます.

$$\lambda_g = \frac{\lambda_0}{\sqrt{\varepsilon_{eff}}} \tag{A.11}$$

**◖))) 例題**

線路幅 $w = 0.4$ mm, 基板厚 $d = 0.4$ mm, $\varepsilon_r = 4$ のとき, 実効比誘電率 $\varepsilon_{eff}$ と線路上の波長 $\lambda_g$ を求めよ. 周波数は 300 MHz とする.

**答え**  ⋯⋯⋯⋯⋯⋯⋯⋯⋯⋯⋯⋯⋯⋯⋯⋯⋯⋯⋯⋯⋯⋯⋯⋯⋯⋯⋯⋯⋯⋯⋯⋯⋯⋯⋯⋯

式 (A.10) より, $\varepsilon_{eff} = \dfrac{4+1}{2} + \dfrac{4-1}{2\sqrt{1 + 10 \times 0.4/0.4}} \fallingdotseq 3$

式 (A.11) より, $\lambda_g = \dfrac{1}{\sqrt{3}} \fallingdotseq 0.6$ m

---

**A.6　伝送線路上の信号[3]**　　　　　　　　　　　　　　　　　　　**〜** p.90 事例 30

**☑特性インピーダンス**　　**特性インピーダンス** $Z_0$ とは, 線路に加わる信号の電圧 $v_f$ とそこに流れる電流 $i_f$ の比のことであり, 次式で表されます.

$$Z_0 = \frac{v_f}{i_f} \tag{A.12}$$

図 A.16 のように, 線路の特性インピーダンス $Z_0 = 50$ Ω で, 線路に加わる信号電圧 $v_f = 100$ V の場合, 線路に流れる電流 $i_f$ は式 (A.12) より 2 A です.

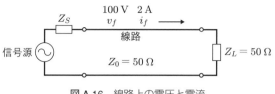

図 A.16　線路上の電圧と電流

**☑進行波と反射波**　　信号が伝わる線路上には，**進行波**（入射波）と**反射波**の2つが存在します．進行波とは，信号源より負荷に向かう信号で，図 A.17 の $v_f$, $i_f$ です．反射波とは，進行波が負荷で反射されて信号源に戻る信号で，反射波の電圧が $v_r$,電流が $i_r$ で示されています．

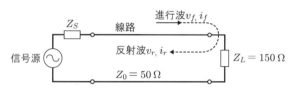

図 A.17　線路上の進行波と反射波

**☑反射波の式**　　反射波の電圧 $v_r$ は，線路の特性インピーダンス $Z_0$ と負荷のインピーダンス $Z_L$ が異なるときに発生し，次式で表すことができます．

$$v_r = \frac{Z_L - Z_0}{Z_L + Z_0} v_f \qquad (A.13)$$

式 (A.13) より，図 A.16 のような $Z_0 = Z_L$ のときは $v_r = 0$ となり，反射波はありません．線路を伝わる信号のすべてが負荷に伝わります．図 A.17 のように，$Z_0 = 50\ \Omega$, $Z_L = 150\ \Omega$ のときは $v_r = 0.5 v_f$ となり，進行波の半分が反射波となります．

$Z_0 \ll Z_L$ のときは $v_r \fallingdotseq v_f$ となり，反射波は進行波と同じ電圧になります．線路を伝わる信号のほとんどが負荷で反射して線路を戻ります．

$Z_0 \gg Z_L$ のときは $v_r \fallingdotseq - v_f$ となり，反射波は進行波と逆位相の信号になります．

**☑伝送線路上の信号の位相**　　図 A.18 のように，信号源 $V$ と負荷 $R_L$ が波長 λ の線路で接続されています．信号源は，0 秒から信号が発生し，それ以前は 0 V です．時刻 $T_1 \sim T_4$ における図 A.18 の線路上の波形を，図 A.19 に示します．0 秒に発生した信号は，時間の経過にともなって線路を伝わり，負荷の方向に進み，図では ● で表しています．そして，1 周期の $T_4$ のときに λ 先の E まで進みます．図 A.19 (e) の複素座標には $T_4$ の時刻における A 〜 D 上の位相がプロットされています．この図から，B の位相は A より 90° 遅れることがわかります．つまり，線路上で λ/4

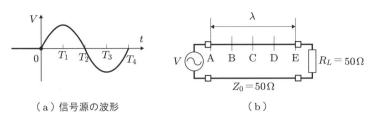

（a）信号源の波形 （b）

図 A.18　線路に加わる信号の波形

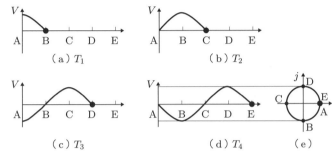

（a）$T_1$ （b）$T_2$

（c）$T_3$ （d）$T_4$ （e）

図 A.19　時刻 $T_1 \sim T_4$ における線路上の波形

先の位相は $90°$ 遅れます．これより，線路の長さ $l$ 先で遅延する位相角 $\theta$ は次式で求めることができます．

$$\theta = \frac{360}{\lambda} \, [度] \tag{A.14}$$

### A.7　反射波による共振　　　　　　　　　p.90 事例 30

　線路の先端が開放（高抵抗）またはショート（低抵抗）であると，信号は反射して線路を戻ります．戻ってきた信号が再び線路の先端で反射した際，その信号の位相がもとの信号と同じであると，信号は線路上で共振します．信号が線路上で共振すると，大きなレベルの信号電流が線路を流れ，ノイズが放射されます．

　図 8.21 の受信 IC の入力抵抗を開放としておき換えると，図 A.20 の 2 つの回路になります．図中の○と●は，図 A.19（e）のように，複素座標上で回転する信号の位相を示しています．

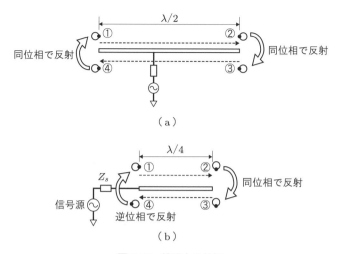

図 A.20　線路上の共振

☑**線路の長さがλ/2の場合**　図 A.20（a）の線路上の位相を，①を基準（位相0°）として順に考えます．信号は線路を伝わり，λ/2先の②では位相が180°遅れます（式（A.14）参照）．線路の先が開放の場合は，伝達した信号は③のように同位相で反射して線路を戻ります（式（A.13）参照）．反射した信号は線路を戻り，λ/2先の④では位相がさらに180°遅れます．④の先端は開放であるため，再び反射を起こして信号①と同位相になります．このとき，線路上で共振が起こり，線路上に加わる電圧と流れる電流が大きくなります．その結果，共振する周波数の信号は放射されやすくなります．同様に考えると，線路の長さが2λ/2，3λ/2，4λ/2，…の場合でも線路上で共振することがわかります．つまり，線路上でλ/2となる周波数を $f_0$ とすると，$2f_0$，$3f_0$，$4f_0$，… で $f_0$ の倍数の周波数でも共振します．信号がパルス波の場合，高調波の周波数がこれらの共振周波数と一致すると，その周波数でノイズが発生しやすくなります．

☑**線路の長さがλ/4の場合**　図 A.20（b）の信号源の出力インピーダンス $Z_s$ は，線路の特性インピーダンスに対して十分小さいものとします．

　線路上の位相を図 A.20（b）の①を基準（位相0°）として順に考えます．信号は線路を伝わり，λ/4先の②では位相が90°遅れます（式（A.14）参照）．線路の先が開放であるため，③のように信号は同位相で反射します．反射したあとはλ/4の線路を戻り，④では位相がさらに90°遅れます．④の先につながる電源のインピーダンス $Z_s$ は特性インピーダンス $Z_0$ より十分小さいため，逆位相で反射します（式（A.13）参照）．反射した信号は①と同位相になり，信号は線路上で共振します．同

様に考えると，線路の長さが$3\lambda/4$，$5\lambda/4$，$7\lambda/4$，... の場合でも線路上で共振することがわかります．つまり，線路上で$\lambda/4$となる周波数を$f_0$とすると，$3f_0$，$5f_0$，$7f_0$，... で$f_0$の奇数倍数の周波数でも共振します．

## A.8 LC 共振回路によってノイズが放射されるしくみ　📈 p.87 事例 28

ここでは，LC 共振回路によるノイズ発生とその対策のしくみについて，図 A.21 (a) を使って詳しく説明します．

☑ **LC 共振回路から放射するしくみ**　図 A.21 (a) の共振周波数では，$L$ と $C$ のインピーダンスが相殺されて，その合成インピーダンスは 0 Ω（ショート）となり，図 A.21 (b) の回路として動作します．このとき，回路に流れる電流 $i$ は最大になり，その値は次式で表されます．

$$i = \frac{v_1}{R_1} \tag{A.15}$$

図 A.21 (a) のコンデンサに加わる電圧 $v_C$ は次式で表されます．

$$v_C = |Z_C|\, i \tag{A.16}$$

ここで，$|Z_C|$ はコンデンサのインピーダンスです（📈 p.38 4.3）．

したがって，共振時の $v_C$ は，次式の値となります．

$$v_C = \frac{|Z_C|}{R_1} v_1 \tag{A.17}$$

また，図 A.21 (a) の共振周波数 $f_0$ は，次式で求められます．

$$f_0 = \frac{1}{2\pi\sqrt{LC}} \tag{A.18}$$

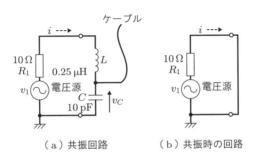

（a）共振回路　　　　　（b）共振時の回路

図 A.21　共振回路による放射

✅**共振回路の周波数特性**　図 A.21（a）の共振回路のコイルは 0.25 µH, コンデンサは 10 pF とします. 電源の出力抵抗を 10 Ω, ケーブルの入力インピーダンスは高いものとします. 式（A.18）より, 共振周波数は 100 MHz となります.

入出力電圧比（$v_C / v_1$）の周波数特性は, 図 A.22 ①のようになります. 低い周波数ではコンデンサのインピーダンスが高く, コンデンサに加わる電圧は $v_C = v_1$ となり, 入出力電圧比は 0 dB（1 倍）です. しかし, 共振周波数 100 MHz 付近では電圧が増加し, 100 MHz の入力電圧比は式（A.17）で求められるように 23 dB（約 14 倍）となります. つまり, 共振時にコンデンサに加わる電圧 $v_C$ は, 入力電圧 $v_1$ の 14 倍になります. この大きな電圧が加わるコンデンサ $C$ にケーブルがつながると, ケーブルがアンテナとなって動作し, 強いノイズが放射されます.

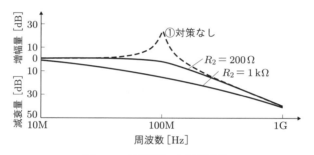

**図 A.22**　共振回路の周波数特性

このような回路で信号源がパルス波であると, パルス波の周波数が共振周波数より低くても, パルス波の高調波が共振周波数と一致すればノイズが放射されます.

✅**対策のしくみ**　式（A.17）より, $R_1$ を大きくすると, $v_C$ は小さくなることがわかります. つまり, 図 A.23 のように, 回路内にダンピング抵抗やフェライトビーズを挿入することで, 回路内に流れる電流 $i$ を制限し, $v_C$ を小さくできます.

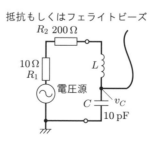

**図 A.23**　ダンピング抵抗を入れた対策

ダンピング抵抗 $R_2$ として 200 Ω と 1 kΩ を挿入した際の $v_C$ の入出力特性は，図 A.22 のようになり，ダンピング抵抗 $R_2$ の値を大きくすると共振時の $v_C$ の増幅を抑えることができます．しかし，大きくしすぎると $R_2$ と $C$ で RC フィルタが構成されて，1 kΩ の特性のように信号は低い周波数から減衰します．ダンピング抵抗 $R_2$ の値が大きいと，伝達したい信号が減衰してしまったり，立上がり速度が遅くなったりするので，必要最小限の大きさにする必要があります．

フェライトビーズを使うと，ダンピング抵抗挿入時の低周波領域の信号の減衰を防ぐことができます．フェライトビーズは，低い周波数ではインピーダンスが低く，高い周波数ではインピーダンスが高くなります（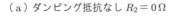 p.45 4.8）．フェライトビーズは，伝達したい信号に対してはインピーダンスが小さく，共振周波数に対しては $R$ 成分が大きくなるものを選ぶことで，伝達したい信号の減衰を抑えながら高調波の放射を抑制できます．

ちなみに，抵抗の代わりにコイルを挿入しても，共振周波数が低くなるだけで LC 共振によるノイズ対策にはなりません．

付録 A  フィルタと伝送路

## A.9 ▶ 共振回路で起こるパルス波のリンキング　　　　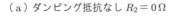 p.47 4.9

ここでは，リンキングのしくみについて，図 A.22 の共振回路の周波数特性を用いて解説します．

図 A.23 の信号源をパルス波（周波数 10 MHz，電圧 5 V）に置き換えたときの $v_C$ 波形は，図 A.24 のようになります．図 A.24 (a) は，ダンピング抵抗 $R_2 = 0$ Ω のときで，10 MHz のパルス波に 100 MHz の波形が乗っています．このようなギザギザ部分をリンキングといいます．リンキングは，共振によって発生します．図 A.22 のグラフ①の特性の増幅量が高くなった周波数（共振周波数）にパルス波の高調波が一致すると，その周波数成分は大きくなります．そして，その周波数成分

レンジ 50 ns/div, 5 V/div（div：1目盛）

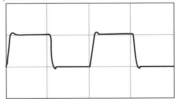

（a）ダンピング抵抗なし $R_2 = 0 Ω$　　　（b）ダンピング抵抗 $R_2 = 200 Ω$

図 A.24　共振回路で起こるリンキング

がリンキングとなって現れます．大きなリンキングが生じると，回路が不安定になるため，一般的には望まれません．

ダンピング抵抗 $R_2 = 200\ \Omega$ のときの波形は，図 A.24 (b) のようになります．ダンピング抵抗によって共振を抑えることで，リンキングはほとんどなくなります．

## A.10 シールドケーブルに流れる電流　　　〰 p.112 事例 47

ここでは，シールドケーブルのシールド部とグラウンドの接続，およびそれによるノイズ発生の関係について解説します．

**☑シールド部をグラウンドに接続しない場合**　　図 A.25 に，シールドケーブルのシールド部をグラウンドに接続しないときの電流ルートを示します．電流①は中心線に流れるルート，②は電流①が外部回路に流れたときのルートです．シールドケーブルのシールドの内側には，中心線で流れた電流①の逆向きで同じ大きさの電流③が流れます．この電流③は，中心線の電流から放射する磁界によって発生する誘導電流です．この誘導電流③は，シールドの外側を電流④のルートで流れます．この電流④とグラウンドを流れる電流②によって電流ループができ，磁界が発生します．

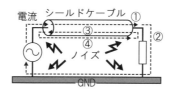

**図 A.25　シールド部をグラウンドに接続しないときの電流ルート**

**☑シールド部をグラウンドに接続した場合**　　図 A.26 (a) に，シールドケーブルのシールド両端をグラウンドに接続したときの電流ルートを示します．電流は，①→②→③→④のルートで流れ，戻りの電流はグラウンドを流れず，シールド内部を流れるため，電磁界は発生しません．

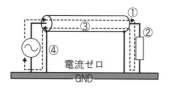 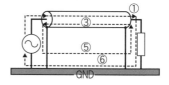

（a）シールドケーブルの電流ルート　　（b）等価回路と中心線の電流と誘導電流のルート

**図 A.26　シールド両端をグラウンドに接続したときの電流ルート**

戻りの電流がシールド内部③を通る理由を以下に解説します．図 A.26 (a) の等価回路を，中心線の電流①と誘導電流③のルートを分けて示すと，図 A.26 (b) のようになります．誘導電流③は，中心線の電流①と逆向きで同じ大きさです．グラウンドでは，中心線の電流⑥と誘導電流⑤が合わさり，電流は 0 になります．結果的に，図 A.26 (b) の中心線の電流（①，⑥）と誘導電流（③，⑤）を合成すると，図 A.26 (a) になります．

# 付録 B 電磁波とアンテナ

ここでは，本編に書かれている電磁波やアンテナに関する用語や基礎理論について解説します．

B.1 表皮効果と表皮深さ 　　　　　　　　　　　　　　　　　　 p.15 2.3

**☑導体に流れる電流に対する表皮効果**　　図 B.1 に，金属線に流れる電流の分布を示します．直流では金属面全体に電流が流れますが，信号の周波数が高くなるに従い，電流は金属線のなかはほとんど通らず，金属線の表面に多く流れるようになります．この現象を**表皮効果**といいます．また，導体のどこまで深く電流が流れるかを示すパラメータとして，**表皮深さ** $\delta$ があります．表皮深さは，金属表面に流れる電流から $e^{-1} \fallingdotseq 0.368$ に減衰する場所と定義されています．信号の周波数が高くなると電流の流れる面積が小さくなるため，導線の抵抗値は高くなります．

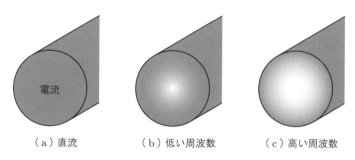

（a）直流　　　　　（b）低い周波数　　　　（c）高い周波数

図 B.1　金属線に流れる電流分布

表皮深さは次の式で求めることができます．

$$\delta = \sqrt{\frac{2}{\omega\mu\sigma}} \; [\mathrm{m}] \tag{B.1}$$

ここで，$\omega$ は角周波数 [rad/s]，$\mu$ は導体の透磁率（$4\pi \times 10^{-7}\,\mathrm{H/m}$），$\sigma$ は導電率（銅 $5.8 \times 10^{7}\,\mathrm{S/m}$）です．

表 B.1 に式（B.1）を使って計算した銅の周波数と表皮深さの関係を示します．

表 B.1　銅の表皮深さ

| 周波数 | 表皮深さ |
|---|---|
| 60 Hz | 8.53 mm |
| 10 kHz | 0.66 mm |
| 1 MHz | 0.066 mm |
| 1 GHz | 2.1 μm |
| 10 GHz | 0.66 μm |

**☑導体に入射する電磁波の表皮効果**　　図 B.2 は，電磁波が空間から導体に入射した様子を示しています．導体に入り込んだ電磁界は，急激に減衰します．電磁波は金属表面にしか入り込むことができないため，金属内の電磁界は 0 とみなされます．

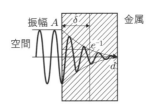

図 B.2　金属内で減衰する電磁

**☑表皮深さの式の導出**　　式 (B.1) は，次のように導出されます．金属表面に流れる電流 $I_0$ を基準としたとき，金属の表面から距離 $d$ の場所に流れる電流 $I_d$ との電流比 $\gamma$ は，以下の式で求めることができます．

$$\gamma = \frac{I_d}{I_0} = e^{-\alpha d} \tag{B.2}$$

ここで，$e \fallingdotseq 2.718$，減衰定数 $\alpha = \sqrt{\omega\mu\sigma/2}$ です．

式 (B.2) をグラフにすると，図 B.3 のようになります．

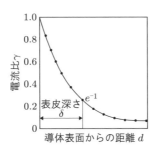

図 B.3　導体表面からの距離と電流比

表皮深さ $\delta$ は，$\gamma = e^{-1}$ となる箇所です．これを式 (B.2) に代入すると式 (B.1) が導出されます．

## B.2 空洞共振[2]

p.67 事例 13

図 B.4 の金属ボックス内に電磁波を発生する信号源があると，ボックス内の電磁波が共振することにより，ボックス内の電界強度が特定の周波数で著しく強くなります．これを空洞共振といいます．空洞共振が起こると，クロストーク問題が発生しやすくなります．空洞共振が起こる周波数 $f$ は，次式で求められます．

$$f = \frac{c}{2}\sqrt{\left(\frac{l}{x}\right)^2 + \left(\frac{m}{y}\right)^2 + \left(\frac{n}{z}\right)^2} \tag{B.3}$$

ここで，$x, y, z$ は，ボックスの各辺の長さ[m]です．$l, m, n$ は共振モードの次数であり，任意の整数が入ります．ただし，2 つ以上の 0 は入りません．$c$ は光速（$3 \times 10^8$ m/s）です．

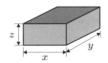

図 B.4　金属ボックス

ボックスサイズが $x = 5$ cm，$y = 10$ cm，$z = 3$ cm の場合，もっとも低い共振周波数 $f$ は，$l = 1$, $m = 1$, $n = 0$ のときであり，式（B.3）より，$f = 3.4$ GHz となります．

## B.3 シールド効果

p.18 2.4

シールド効果について，式を使って解説します．シールド板の金属のサイズは非常に大きく，反対面に電流が流れ込む現象（p.15 2.3）はないものとします．このとき，反射損失 $R$ と減衰損失 $A$ は，シェルクノフの式より次のように表されます．

$$\text{反射損失}：R = 168.2 - 10\log f \ [\text{dB}] \tag{B.4}$$

$$\text{減衰損失}：A = 131.4 \times t\sqrt{f} \ [\text{dB}] \tag{B.5}$$

ここで，$t$ は金属の厚み[m]です．

そして，デシベル表示した透過波の電界 $E_t$ は次のように表されます．

$$E_t = E_i - R - A \ [\text{dB}] \tag{B.6}$$

ここで，$E_i$ はデシベル表示した入射波の電界です．

シールド効果 $SE$ は，次式で求めることができます．

$$SE = E_i - E_t\,[\mathrm{dB}] \tag{B.7}$$

式 (B.6) を式 (B.7) に代入すると，シールド効果 $SE$ は次のように表されます．

$$SE = R + A\,[\mathrm{dB}] \tag{B.8}$$

厳密には，式 (B.8) にシールド材内で起こる多重反射効果を加える必要があります
が，シールド材が金属の場合は無視できます．

---

### B.4 穴のサイズとシールド効果 p.65 事例 11，p.115 事例 49

#### ☑ 円形開口部の場合

- シールド効果：図 B.5 のように，円形の穴の開いた金属板に入射電界（平面波）
  $E_i\,[\mathrm{V/m}]$ が垂直入射したとき，シールド効果 $SE$ は次式で求められます[4]．

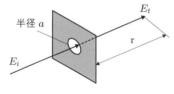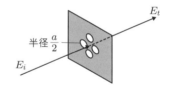

（a）穴の半径 $a$, 1 個　　　　　　（b）穴の半径 $a/2$, 4 個

図 B.5　円形開口部によるシールド効果

$$SE = 20\log\frac{|E_i|}{|E_t|} = 20\log\frac{3\pi c^2 r}{4\omega^2 a^3}\,[\mathrm{dB}] \tag{B.9}$$

ここで，$E_t$ は透過波の電界 $[\mathrm{V/m}]$，$a$ は穴の半径，$r$ は穴からの距離，$\omega$ は
角周波数，$c$ は光速です．

シールド効果は，穴の半径 $a$ の 3 乗，周波数の 2 乗に反比例します．た
とえば，半径を半分にすることで，シールド効果は 18 dB 増えます．

- 穴を分割する効果：穴の面積が同じであっても，1 つの穴の場合と複数の穴
  に分割した場合のシールド効果は異なります．穴の半径を $1/n$ にした場合，
  その面積は $1/n^2$ になるため，同じ面積にするには穴の数を $n^2$ 個にする必要
  があります．穴の数を $n^2$ 個にしたとき，透過電界は $n^2$ 倍になります．したがっ
  て，穴を分割した際のシールド効果は式 (B.9) より $n$ 倍になります．

付録 B 電磁波とアンテナ

たとえば，図 B.5 (a) の 1 つの穴と，図 B.5 (b) の半径を半分にした 4 つの穴の場合を考えます．どちらも穴の面積は同じですが，シールド効果は穴を半分にした図 B.5 (b) のほうが 6 dB 増えます．

**☑方形開口部の場合**　図 B.6 のように，金属板に長方形の穴が開いており，そこに垂直偏波の電磁波が入射しています．図 B.6 (a) の縦方向のスロットでは，透過電界 $E_t$ は小さくなり，シールド効果は高くなります．一方，図 B.6 (b) の横方向のスロットでは，透過電界 $E_t$ は大きくなり，シールド効果が落ちます．このときのシールド効果は，次式で求められます[5]．

$$SE = 20\log\left[\frac{\pi c^2 r}{\omega^2}\frac{\ln(1 + 0.66L/W)}{0.132L^2}\right][\text{dB}] \tag{B.10}$$

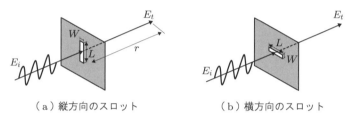

（a）縦方向のスロット　　　　（b）横方向のスロット

図 B.6　方形開口部によるシールド効果

---

**B.5　金属板に入射した電波**　　　　　　　　　　　　　**🔗 p.15 2.3**

**☑反射波**　図 B.7 に，電波が金属板に当たったときの反射波と透過波の発生のしくみを示します．入射波が金属に当たると，誘導電流 $I$ が電界 $E$ の方向に流れます．そして，$I$ と垂直方向に磁界 $H$ が発生します（**🔗 p.10 2.1**）．金属板上で発生した磁界 $H'$ は，反射波となって戻ります．反射波の電界 $E'$ は，図 2.7 の右手の法則に従って発生します．反射波は入射波と逆位相になって戻ります．

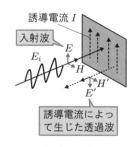

図 B.7　反射波の発生するしくみ

### ☑金属板表面に流れる電流

上記で解説したように，電界 $E$ が金属板に入射したときにその表面には表面電流（誘導電流）が流れます．金属板の大きさが波長に対して十分大きく，穴が開いていないとき，そこに流れる表面電流密度 $J_S$ は，次のように求めることができます．

金属に入射する磁界 $H$ は，自由空間インピーダンス $Z_0 = 377\ \Omega$ より次式で求められます．

$$H = \frac{E}{Z_0} \tag{B.11}$$

反射波の磁界 $H'$ は，入射波の磁界 $H$ と向きも大きさも同じです．

$$H' = H \tag{B.12}$$

金属表面の磁界 $H_S$ は，入射波の磁界と反射波の磁界の合成です．

$$H_S = H + H' = 2H \tag{B.13}$$

表面電流密度の大きさは，金属表面の磁界と同じです．ただし，方向は金属表面の磁界と直交します．

$$J_S = H_S = 2H = \frac{2E}{Z_0} \tag{B.14}$$

### ☑スロットの向きによる透過波の違い

図 B.8（a）のような縦方向のスロットが開いている場合，穴付近の誘導電流によって発生した電磁波（$E_2$，$H_2$）が穴を通って透過します．それと同時に，入射波の電磁界（$E_1$，$H_1$）もまた穴を通って透過します．これらの 2 つの透過波は逆位相であるため相殺し，合成した透過波 $E_t$ は小さくなります．そのため，シールド効果は大きくなります．しかし，図 B.8（b）のような横方向のスロットでは，誘導電流が穴付近で流れにくいため，誘導電流による透過波は小さくなり，透過波 $E_t$ は，入射波の漏れの電磁波とほぼ同じになります．そのため，シールド効果はあまりありません．

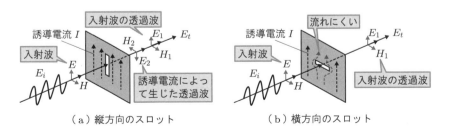

（a）縦方向のスロット　　　（b）横方向のスロット

図 B.8　透過波の発生するしくみ

☑**ダイポールアンテナの受信電圧**　図 B.9 (a) の受信用ダイポールアンテナの受信電圧 $v_1$ は，負荷の値が十分大きいとき，次式で求めることができます．

$$v_1 = l_e E \tag{B.15}$$

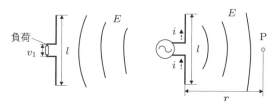

（a）受信用アンテナ　　　（b）送信用アンテナ

図 B.9　ダイポールアンテナ

ここで，$E$ は受信電界強度，$l_e$ は実効長です．実効長 $l_e$ は，エレメントの長さ $l$ によって以下のように計算できます．

$$l \leqq \frac{\lambda}{4} \text{の 場合}: l_e \fallingdotseq \frac{l}{2}$$

$$l = \frac{\lambda}{2} \text{（半波長ダイポール）の場合}: l_e = \frac{l}{\pi}$$

☑**ダイポールアンテナから放射される電界**　図 B.9 (b) の送信用ダイポールアンテナから放射される電界強度 $E$ は，次式で求めることができます．

$$E = 0.6283 \times 10^{-6} \times \frac{i f l_e}{r} \tag{B.16}$$

ここで，$l_e$ は実効長，$r$ はアンテナから測定点 P までの距離，$i$ は信号源より流れ出る電流値，$f$ は周波数です．

☑**微小ループアンテナの受信電圧**　図 B.10 (a) のように，磁界 $H$ を受信した受信用微小ループアンテナの受信電圧 $v_1$ は，次式で求めることができます．

$$v_1 = 2\pi f \mu H S \tag{B.17}$$

ここで，$S$ は電流ループ面積，$f$ は周波数，$\mu$ は透磁率（$4\pi \times 10^7 [\text{H/m}]$）です．

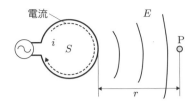

（a）受信用微小ループアンテナ　　　（b）送信用微小ループアンテナ

図 B.10　ループアンテナの電流と磁界の関係

　電界 $E$ を受信した際の $v_1$ は，$H = E/Z_0$ を式（B.17）に代入して次式で求めることができます.

$$v_1 = \frac{2\pi f\mu ES}{Z_0} \tag{B.18}$$

ここで，$Z_0$ は自由空間インピーダンスで，$Z_0 = 120\pi = 377\ \Omega$ です.

☑微小ループアンテナから放射される電界　　　図 B.10（b）の送信用微小ループアンテナから放射される電界強度 $E$ は，次式で求めることができます.

$$E = 1.316 \times 10^{-14} \times \frac{if^2 S}{r} \tag{B.19}$$

ここで，$S$ はループ面積，$i$ は信号源より流れ出る電流です.

---

**B.8　変位電流**　　　　　　　　　　　　　　　📡 p.10 2.1, p.112 事例47

　図 B.11（a）は，コンデンサに交流信号を加えた回路です. 図 B.11（b）は，図 B.11（a）のコンデンサをインピーダンス $Z_C$ におき換えたものです. 電気回路では，図 B.11（b）の $Z_C$ に電流 $i$ が流れると考えます. しかし，実際のコンデンサの2つの電極間は絶縁されているので，電流 $i$ は流れません. そこで，図 B.11（a）のコンデンサの電極間に仮想の電流 $i_d$ が流れるものと考えます. この仮想の電流を**変位電流**といいます.

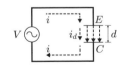
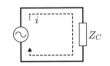

（a）物理的に考えた場合の回路　　（b）インピーダンスとみなした回路

図 B.11　コンデンサ回路

変位電流 $i_d$ は次式のように，コンデンサの電極間に加わる電圧 $V$ の変化，また電界 $E$ の変化として表すことができます．

$$i_d = C\,\frac{\Delta V}{\Delta t} = Cd\,\frac{\Delta E}{\Delta t} \tag{B.20}$$

ここで，$C$ は静電容量，$d$ は電極間の距離，$\Delta E/\Delta t$ は微小時間内の電界の変化です．

変位電流の向きは電界と同じで，強度は比例します．つまり変位電流は，電極間の電界の変化を電流の流れにおき換えて考えたものです．

図 B.12 は，広げた電極間に信号を加えています．図 2.2 では，電磁波の放射を漏れ電界 $E$ で解説しました．ここでは，電極間の浮遊容量に変位電流 $i_d$ が流れると考えます．変位電流は電界の変化であるため，空間に変位電流が流れると，そこで電磁波が放射されます．変位電流の概念を用いると，電流のルートが明確になり，ノイズ問題を考えやすくなります．

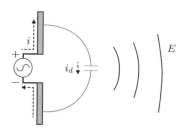

**図 B.12　電極を広げたときに流れる変位電流**

---

### B.9　ノーマルモードノイズとコモンモードノイズの電界強度[2]　 p.131 12.1

**☑ノーマルモードノイズの電界**　　信号源と回路をケーブルで接続すると，ノーマルモード電流は図 B.13 (a) のようになります．このとき，ケーブルから距離 $r$ 離れた場所の電界強度は次式で表されます．

$$E_d = 1.316 \times 10^{-14} \times \frac{i_d f^2 S}{r} \tag{B.21}$$

これは，微小ループアンテナの式 (B.19) と同じです．ノーマルモードノイズの電界 $E_d$ は，電流ループ面積 $S$ と周波数 $f$ の 2 乗，ノーマルモード電流 $i_d$ に比例します．

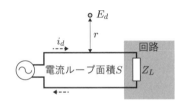

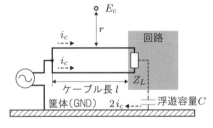

（a）ノーマルモード　　　　　　　　　　　（b）コモンモード

図 B.13　モードの違いによる電界強度

☑**コモンモードノイズの電界**　　　浮遊容量 $C$ を介したコモンモード電流は図 B.13
（b）のようになります．ここで，2本の線をひとまとめにして考えると，微小ダイポー
ルアンテナから放射される電界と同じです．ダイポールアンテナ（🔗 p.170 付録 B.6）
では，線路の電流分布を考えて実効長を使いましたが，ここでは線路の電流は，線
路上を一様に流れるものとして，ケーブル長 $l$ をそのまま使います．また，2本の
ケーブルに流れる電流を合わせると $2i_c$ であるため，コモンモードノイズの電界を
求める式は，式（B.16）を2倍にして次式となります．

$$E_c = 1.257 \times 10^{-6} \times \frac{i_c f l}{r} \tag{B.22}$$

コモンモードノイズの電界 $E_c$ は，ケーブル長 $l$ と周波数 $f$，コモンモード電流 $i_c$
に比例します．

●))) **例 題**

> 周波数 $f = 100$ MHz，測定ポイントまでの距離 $r = 1$ m，電流 $I = 1$ μA のとき，
> ノーマルモードノイズとコモンモードノイズの電界強度 $E_d$，$E_c$ を求めよ．た
> だし，ノーマルモードのループ面積 $S = 0.002$ m$^2$（20 cm × 1 cm），コモンモー
> ドのケーブル長 $l = 20$ cm とする．
>
> 答え ……………………………………………………………………………………
> それぞれの電界強度は，次のように計算されます．
>
> $$E_d = 1.316 \times 10^{-14} \times \frac{10^{-6} \times (100 \times 10^6)^2 \times 0.002}{1} = 0.26 \text{ μV/m}$$
>
> $$E_c = 1.257 \times 10^{-6} \times \frac{10^{-6} \times 100 \times 10^6 \times 0.2}{1} = 25.1 \text{ μV/m}$$

　この例題からわかるように，同じ電流の大きさを流しても，コモンモードノイズ
の電界強度のほうがノーマルモードノイズより 100 倍ほど大きくなります．この
ように，コモンモードノイズは，深刻な EMC 問題を引き起こします．

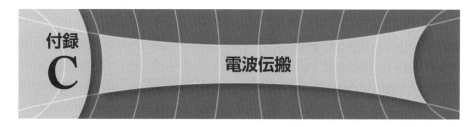

# 電波伝搬

　ここでは，アンテナから放射された電波の電界強度や，受信アンテナの受信電力を，計算式を使って説明します．電子機器のシステム環境は複雑なため，実際の値は必ずしも計算とは一致しませんが，伝搬理論や計算方法を知っておくと，ノイズが伝わるしくみを理解できるようになるとともに，EMCの測定や対策をするのに役立ちます．

## C.1　放射された電磁界

　電波がアンテナから全方向に等しく放射されたときの特定の空間における電力密度と電界強度を求めます．**電力密度**とは，単位面積あたりの電力で，単位は$[\mathrm{W/m^2}]$です．

**☑離れた場所の電力密度**　図C.1に，中心点におかれたアンテナから電力$P_T$が電波として空間に放射され，全方向に均一に広がる様子を表します．球の中心から距離$d$離れた球の表面積は$S = 4\pi d^2$なので，図C.1の点Qの電力密度$w_\mathrm{Q}$は，以下のように表すことができます．

$$w_\mathrm{Q} = \frac{P_T}{S} = \frac{P_T}{4\pi d^2} \tag{C.1}$$

　式（C.1）より，電波の電力密度は，距離の2乗に比例して減衰することがわかります．

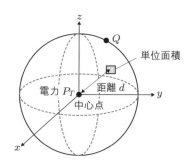

図C.1　アンテナから全方向に放射される電波

**☑離れた場所の電界強度**　　電力密度 $w$ は，次式でも表すことができます．

$$w = EH = \frac{E^2}{Z_0} \tag{C.2}$$

ここで，$E$ と $H$ は点 Q の電界と磁界，$Z_0$（$= 120\pi = 377\ \Omega$）は自由空間インピーダンスです．式 (C.1) と式 (C.2) より，次式が求められます．

$$P_T = 4\pi d^2 w_Q = \frac{4\pi d^2 E^2}{Z_0} = \frac{(dE)^2}{30} \tag{C.3}$$

式 (C.3) を変形すると，点 Q の電界強度は次のように求めることができます．

$$E = \frac{\sqrt{30 P_I}}{d}\ [\mathrm{V/m}] \tag{C.4}$$

式 (C.4) より，電波の電界強度は距離に反比例することがわかります．

---

### C.2 アンテナ利得

**アンテナ利得（アンテナゲイン）**とは，あるアンテナを送信あるいは受信に使用した場合に，基準アンテナと比べてどれだけの電力を放射，または吸収するかを表すものです．

**☑受信アンテナのアンテナ利得**　　はじめに，受信アンテナのアンテナ利得を考えます．図 C.2 のように，点 B から放射された電波を点 A で基準アンテナと評価アンテナを使って受信します．2 つのアンテナは，点 B から同じ距離であり，届く電波の強度は同じです．基準アンテナで測定した電力が $P_1$，評価アンテナで測定した電力が $P_2$ であったとき，評価アンテナの受信時のアンテナ利得 $G_r$ は，次式で表すことができます．

$$G_r = 10\log \frac{P_2}{P_1}\ [\mathrm{dB}] \tag{C.5}$$

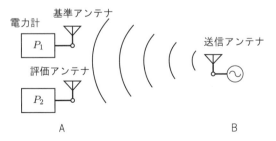

図 C.2　受信アンテナのアンテナ利得の評価方法

**☑送信アンテナのアンテナ利得**　　次に, 送信アンテナのアンテナ利得を考えます. 図 C.3 のように, 点 A に送信用アンテナとして基準アンテナと評価アンテナを, 点 B に受信アンテナをおきます. 基準アンテナに $P_1$ の電力を与え, そのときの受信アンテナで受信した電力を $P_0$ とします. 次に, 評価アンテナに $P_2$ の電力を与え, 受信電力が基準アンテナで受信した電力と同じ $P_0$ になるように $P_2$ の値を調整します. このとき, 評価アンテナの送信時のアンテナ利得 $G_t$ は, 次式で表すことができます.

$$G_t = 10\log \frac{P_1}{P_2} \, [\text{dB}] \tag{C.6}$$

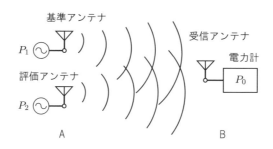

図 C.3　送信アンテナのアンテナ利得の評価方法

アンテナには可逆性があるため, 送信アンテナのアンテナ利得 $G_t$ と受信アンテナのアンテナ利得 $G_r$ は同じになります.

**☑絶対利得と相対利得**　　図 C.2, C.3 の測定で, 基準アンテナに等方向アンテナを用いた場合の評価アンテナの利得を**絶対利得** $G_d$ とよび, [dB] 単位の表示には [dBi]（デービーアイ）を用います. **等方向アンテナ**とは, 図 C.1 のように, 全方向に均一に電波が飛ぶアンテナです.

基準アンテナにダイポールアンテナを用いた場合のアンテナ利得を**相対利得** $G_d$ とよび, 単位には [dBd]（デービーディー）を用います.

$G_a$ と $G_d$ の間には次の関係があります.

$$G_a = G_d + 2.15 \tag{C.7}$$

ここで, 2.15 [dBi] は, 半波長アンテナの絶対利得です.

## C.3 フリスの伝達公式

**☑フリスの公式を用いた伝搬実験**　　図 C.4 に，電波の伝搬実験方法を示します．送信アンテナには信号源が接続され，受信アンテナには電力計が接続されています．送信アンテナに与えられる電力を $P_t$，送信アンテナのアンテナ利得を $G_t$，受信アンテナのアンテナ利得を $G_r$，送受信アンテナ間の距離を $d$，受信電力（電力計で表示される値）を $P_r$ とすると，これらは次の関係があります．

$$P_r = \frac{P_t G_t G_r}{L} \tag{C.8}$$

ここで，$L$ は自由空間伝搬損失であり，電波の波長を $\lambda$ とすると次式で表されます．

$$L = \left(\frac{4\pi d}{\lambda}\right)^2 \tag{C.9}$$

式 (C.8) は**フリスの伝達公式**とよばれ，受信電力やアンテナ利得[3]を調べるときによく使われます．

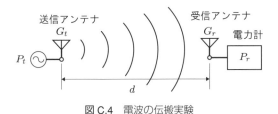

送信アンテナ　　　　　　　　　受信アンテナ

図 C.4　電波の伝搬実験

式 (C.8) をデシベル表示にすると，以下のようになります．

$$10\log P_r = 10\log\frac{P_t G_t G_r}{L} \tag{C.10}$$

$$P_r\,[\mathrm{dBm}] = P_t\,[\mathrm{dBm}] + G_t\,[\mathrm{dB}] + G_r\,[\mathrm{dB}] - L\,[\mathrm{dB}] \tag{C.11}$$

式 (C.11) にある [dBm] は，電力をデシベル表示したときの単位です（ p.147 付録 A.2）．

式 (C.8)，(C.9) より，受信電力は距離 $d$ の 2 乗で減衰することがわかります．また，電力と電圧の関係は次の関係があります．

$$V = \sqrt{PR} \tag{C.12}$$

ここで，$R$ は受信側の負荷抵抗です．

したがって，受信電圧は距離 $d$ に比例して減衰します．これらの式より，EMC
対策としてノイズの受信電力 $P_r$ を小さくするには，ノイズの発生源である $P_t$，ノ
イズの送信アンテナのアンテナ利得 $G_t$，ノイズの受信アンテナのアンテナ利得
$G_r$ を小さくし，ノイズ源と受信装置の距離 $d$ を離す必要があることがわかります．

─●))) 例 題 ─────────────────────────────────────

図 C.4 の電波の伝搬実験装置において，送信電力 $P_t = 0\,\mathrm{dBm}\,(1\,\mathrm{mW})$，送信
アンテナのアンテナ利得 $G_t = -10\,\mathrm{dBi}$，受信アンテナのアンテナ利得 $G_r =$
$-10\,\mathrm{dBi}$，距離 1 m，測定周波数 $f = 300\,\mathrm{MHz}$ のとき，受信電力 $P_r$ を求めよ．

答え ······································································

式 (2.4) より　$\lambda = \dfrac{300}{f\,[\mathrm{MHz}]} = 1\,\mathrm{m}$

式 (C.9) より　$L = (4\pi)^2$，デシベル表示すると $L = 10\log(4\pi)^2\,\mathrm{dB} = 22\,\mathrm{dB}$

式 (C.11) より　$P_r = 0 - 10 - 10 - 22 = -42\,\mathrm{dBm}$

────────────────────────────────────────────────────

☑**フリスの伝達公式の導出**　　はじめに，アンテナ実効面積について解説し，その
後フリスの公式を導出します．

　図 C.5 のように，送信アンテナから放射された電波を受信アンテナで受信し，受
信電力を測定します．ここで，受信アンテナは，到来した電波から特定面積のエネ
ルギーを吸収すると考えることができます．この面積を**アンテナ実効面積**（**実効面
積**）といいます．

　実効面積 $A\,[\mathrm{m}^2]$ のアンテナに電力密度 $w\,[\mathrm{W/m}^2]$ の電波が到来したとき，この
アンテナが電波から電力を吸収して電力計に供給することができる電力 $P\,[\mathrm{W}]$ は，
次式で求められます．

$$P = wA\,[\mathrm{W}] \tag{C.13}$$

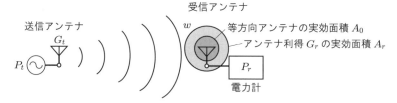

図 C.5　受信電力測定

実効面積が大きいほど，受信電力は大きくなります．等方向アンテナの実効面積 $A_0$ は，次のように求められます．

$$A_0 = \frac{\lambda^2}{4\pi} \tag{C.14}$$

また，アンテナ利得 $G_r$ の実効面積 $A_r$ は次のように求められます．

$$A_r = \frac{G_r \lambda^2}{4\pi} \tag{C.15}$$

**☑フリスの伝達公式の導出**　図 C.5 において，送信電力 $P_t$，送信アンテナのアンテナ利得 $G_t$ より，放射された箇所から距離 $d$ 離れた場所の電波の電力密度 $w$ は，次式で求めることができます．

$$w = \frac{G_t P_t}{4\pi d^2} \tag{C.16}$$

式 (C.15)，(C.16) を式 (C.13) へ代入すると，以下のフリスの伝達公式が導かれます．

$$P_r = \frac{G_t P_t}{4\pi d^2} \frac{G_r \lambda^2}{4\pi} = \frac{P_t G_t G_r}{(4\pi d / \lambda)^2} \tag{C.17}$$

## C.4 アンテナファクタ

**アンテナファクタ**は**アンテナ係数**ともよばれ，受信アンテナで測定された電圧から測定点の電界強度を求めるパラメータです．電子機器から放射される電界強度を測定（エミッション試験）（📖 p.184 付録 D.4）するときに使われます．

**☑アンテナを使った電界の求めかた**　電界強度は，図 C.6 のように測定します．受信アンテナを付けたスペクトラムアナライザ（スペアナ）が電界 $E$ の地点におかれています．アンテナは，アンテナファクタがわかっている**標準アンテナ**を使います．受信点の電界強度 $E$ は，次式のようにスペクトラムアナライザの電圧測定

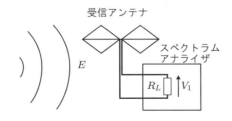

図 C.6　電界強度測定法

値 $V_1$ にアンテナファクタ $AF$ をかけることで求めることができます.

$$E = AF \times V_1 \tag{C.18}$$

式（C.18）をデシベル表示にすると，次式になります.

$$E\,[\mathrm{dB\mu V/m}] = AF\,[\mathrm{dB/m}] + V_1\,[\mathrm{dB\mu V}] \tag{C.19}$$

アンテナファクタの値は，周波数によって異なります.各周波数におけるアンテナファクタの値は，標準アンテナに添付された書類に明記されています.

━━●))) 例題 ━━━━━━━━━━━━━━━━━━━━━━━━━━━━━━━━

図 C.6 において，スペクトラムアナライザの測定値が 50 [dBμV]，アンテナファクタが 30 [dB/m] であるとき，測定地点の電界強度を求めよ.

答え ┈┈┈┈┈┈┈┈┈┈┈┈┈┈┈┈┈┈┈┈┈┈┈┈┈┈┈┈┈┈┈┈┈┈┈┈┈┈┈┈┈┈┈┈

式（C.19）を使って計算すると，次のようになる.

$$E = 50 + 30 = 80\,[\mathrm{dB\mu V/m}] = -40\,[\mathrm{dBV/m}]$$
$$E = 0.01\,[\mathrm{V/m}]$$

━━━━━━━━━━━━━━━━━━━━━━━━━━━━━━━━━━━━━━━━━━

☑**アンテナファクタの求め方**　アンテナのアンテナファクタ $AF$ がわからない場合，アンテナの利得 $G$ より次式で求めることができます.

$$AF = \sqrt{\frac{480\pi^2}{R_L\,\lambda^2 G}} \tag{C.20}$$

ここで，$R_L$ はスペクトラムアナライザの入力インピーダンスです.

━━●))) 例題 ━━━━━━━━━━━━━━━━━━━━━━━━━━━━━━━━

スペクトラムアナライザの入力インピーダンス $R_L = 50\ \Omega$，アンテナ利得 $G = -6\ \mathrm{dBi}$，周波数 900 MHz のとき，アンテナファクタ $AF$ をデシベル表示で求めよ.

答え ┈┈┈┈┈┈┈┈┈┈┈┈┈┈┈┈┈┈┈┈┈┈┈┈┈┈┈┈┈┈┈┈┈┈┈┈┈┈┈┈┈┈┈┈┈┈

式（C.20）より，次のようになる.

$$AF = \sqrt{\frac{480\pi^2}{50 \times (1/3^2) \times 0.25}} = 58.37\,[1/\mathrm{m}]$$

$$20\log AF = 35.3\ \mathrm{dB/m}$$

━━━━━━━━━━━━━━━━━━━━━━━━━━━━━━━━━━━━━━━━━━

式 (C.20) は次のように導出されます．図 C.7 のように，アンテナ利得 $G_r$ の受信アンテナを用いて電力密度 $w$ の地点で測定したとき，その受信電力 $P_r$ は，式 (C.13)，(C.15) より次のようになります．

$$P_r = w A_r = \frac{G_r \lambda^2 w}{4\pi} \tag{C.21}$$

また，$P_r$ には次の関係があります．

$$P_r = \frac{V_1^2}{R_L} \tag{C.22}$$

ここで，$R_L$ は電力計の入力抵抗，$V_1$ は $R_L$ に加わる電圧です．

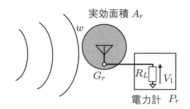

実効面積 $A_r$

$w$

$G_r$

$R_L$ $V_1$

電力計 $P_r$

図 C.7 受信電力測定

さらに，電力密度 $w$ と電界 $E$ には，次の関係があります．

$$w = \frac{E^2}{Z_0} = \frac{E^2}{120\pi} \tag{C.23}$$

ここで，$Z_0$ は自由空間インピーダンスです．

式 (C.22)，(C.23) を式 (C.21) に代入すると，以下のアンテナファクタ $AF$ の式が導出されます．

$$AF = \frac{E}{V_1} = \sqrt{\frac{480\pi^2}{R_L \lambda^2 G_r}} \tag{C.24}$$

# 付録 D

# EMC 試験法と規格

EMC 規格には，EMC の測定方法，測定器の仕様，試験結果の合否判定基準が記されており，それに基づいて試験を行います．EMC 試験には，エミッション試験とイミュニティ試験の 2 つがあり，製品を市場に出す前にどちらの試験にも合格しなくてはいけません．

ここでは，はじめに EMC 試験の方法と規格について解説します．その後，自分で EMC 試験や対策を行う方法について解説します．これらを学んでおくことにより，サイトで測定する前に対策をしておけるため，サイトでかかる費用と時間を削減することができます．

規格は毎年のように更新されるため，最新の情報を関連機関より入手する必要があります．国内規格であれば，総務省 Web サイトの「電波利用」のページから入手できます．

## D.1 国際規格と地域規格

☑国際規格 　EMC 規格の多くは，**CISPR**（国際無線障害特別委員会）と **IEC**（国際電気標準会議）で制定，発行されています．これらは国際規格として，EMC 規格の世界基準となっています．

CISPR では主にエミッションに関する規格，IEC では主にイミュニティに関する規格が制定されています．

CISPR 規格は対象となる機種によって規格内容が分けられており，表 D.1 のように分類されます．

表 D.1　CISPR の内容

| 規格名 | 機器の種類と内容 |
|--------|------------------|
| CISPR 11 | ISM（産業，科学，医療）機器の許容値および測定方法 |
| CISPR 15 | 照明器具の許容値および測定法 |
| CISPR 25 | 車載用受信機保護のための妨害波の限度値 |
| CISPR 32 | マルチメディア装置の測定限度値および方法 |
| CISPR 35 | マルチメディア装置のイミュニティ特性 |

**☑地域規格**　　各国の EMC 規格は，国際規格をもとにしてつくられますが，国によって若干異なります．海外に製品を販売する際は，販売する地域の EMC 規格に合格する必要があります．表 D.2 に，各地域の規格名をまとめます．

表 D.2　各国の EMC 規格

| 地域名 | 規格名 |
|---|---|
| アメリカ | FCC CFR47 |
| 欧州 | EN（欧州整合規格） |
| 日本 | VCCI（情報処理装置等電波障害自主規制協議会），JIS |

### D.2　測定環境

　周辺にある物体の反射波をなくし，EMC 試験に適した施設や設備をサイトといいます．サイトには，図 D.1 のように，屋内の電波暗室と屋外のオープンサイトがあります．

- **電波暗室**：電波暗室は，周囲の壁や天井を電波吸収体で囲み，電波の反射が起こらないようにした部屋です．床面は，電波が全反射するように金属板を敷いてグランドプレーンになっています．また，外部からの電波は遮断されるため，EMC 試験をするのにふさわしい環境です．屋内のため，天候を気にせずに試験できます．
- **オープンサイト**：オープンサイトは，屋外に設けられた EMC 試験所です．周辺に電波の反射がない環境で実験が行われます．オープンサイトは，山奥の盆地や郊外などの外来ノイズの少ない場所につくられます．

（a）電波暗室［提供：TDK］

（b）オープンサイト［提供：佐渡オープンサイト］

図 D.1　サイト

EMC 試験は，大きく分類するとエミッション試験とイミュニティ試験があり，これらの主な試験項目を表 D.3 にまとめます．必要となる試験項目とその合格基準は，対象となる機器によって異なります．太文字となっている試験は重要な試験なので，付録 D.4，D.5 節で詳しく解説します．

表 D.3　エミッションとイミュニティの試験項目

| エミッション | **放射エミッション試験**（雑音電界強度試験） |
| | **伝導エミッション試験**（雑音端子電圧試験） |
| | 雑音電力試験 |
| イミュニティ | 静電気放電イミュニティ試験（IEC61000-4-2） |
| | **放射電磁界イミュニティ試験**（IEC61000-4-3） |
| | サージイミュニティ試験（IEC61000-4-5） |
| | RF 伝導妨害イミュニティ試験（IEC61000-4-6） |

**D.4** エミッション試験

エミッションの重要な試験項目である，放射エミッション試験と伝導エミッション試験の 2 つについて詳しく解説します．

☑放射エミッション試験（雑音電界強度試験）　　**放射エミッション試験**は，機器から空間に放射される放射ノイズを測定する試験で，**雑音電界強度試験**ともいいます．図 D.2 のように被測定機器 (equipment under test) **EUT** をターンテーブルの上におき，一定距離離した場所においたアンテナで受信した電界強度をスペクトラムアナライザで測定します．EUT とアンテナの距離は通常 10 m ですが，EUT の大きさが小さいものは測定距離 3 m でも可能です．

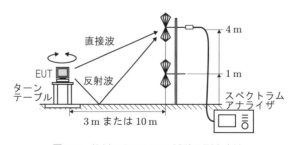

図 D.2　放射エミッション試験の測定方法

ターンテーブルを回転させながらアンテナの高さを 1〜4 m 間で変えて，EUT から放射される全方向のノイズの最大電界強度を測定します．アンテナで受信する電界は，EUT からアンテナに伝搬する直接波と床面で反射する反射波の合成になるため，アンテナの高さを変えると 2 つの信号の位相関係で強度は変化します（ p.15 2.3）．

　放射ノイズの測定は，水平偏波と垂直偏波の両方を行います．アンテナの向きを 90°回転させて上記の測定を再度行い，電界が最大となる値を調べます（ p.34 3.5）．測定する周波数範囲は 10 kHz 〜1 GHz です．

**☑放射エミッションの電界許容値**　図 D.3 に，30 MHz 〜1 GHz の放射エミッション電界の許容値を示します．測定値が許容値を超えると不合格になります．許容値は，測定距離 3 m と 10 m に分かれています．電界強度は距離に比例して減衰する（ p.174 付録 C.1）ため，距離 10 m の許容値は 3 m より 10 dB 小さくなります．

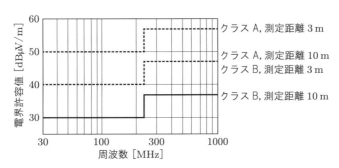

図 D.3　放射エミッションの電界許容値

　また，電界許容値は，機器の使用場所によって，次のように 2 つのクラスに分類されています．

- クラス A：商工業環境などの家庭以外で使用する機器
- クラス B：家庭で使用する機器

　クラス B は，テレビやラジオなどの放送受信機に比較的近い場所での使用を想定しており，その電界許容値はクラス A よりも厳しいものとなっています．

**☑伝導エミッション試験（雑音端子電圧試験）**　**伝導エミッション試験**は，EUT の電源ケーブルや通信ケーブル（電話線や LAN ケーブル等）上の伝導ノイズを測定する試験で，**雑音端子電圧試験**ともいいます．EUT 内部で発生した伝導ノイズがケーブルを伝わり，外部に漏れるノイズ量を調べます．

電源ケーブルの伝導エミッション測定は，図 D.4 のように，グランドプレーンの上 0.4 m の場所に EUT をおき，0.8 m 以上離れた場所に**疑似電源回路網 AMN**（**LISN** ともいう）をおいて，電源ケーブル上の高周波ノイズを測定します．

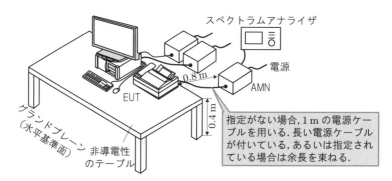

図 D.4　伝導エミッション試験の測定方法

AMN は，EUT に電源を供給しながら，電源ケーブル上のノイズ電圧を取り出す装置です．取りしたノイズを，スペクトラムアナライザで測定します．測定する周波数範囲は 150 kHz 〜30 MHz です．図 D.5 に，伝導エミッション試験の許容値を示します．

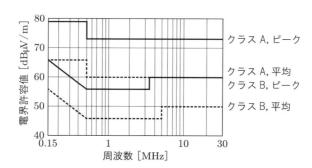

図 D.5　伝導エミッション試験の電界許容値

## D.5 イミュニティ試験

イミュニティ試験に関する国際規格は，IEC（国際電気標準会議）規格の61000-4 シリーズに制定されています．ここでは，4 つの主なイミュニティ試験の概要を紹介します．測定方法や限度値の詳しい内容を知りたい人は，IEC61000-4 シリーズの規格をみてください．

☑**イミュニティ試験の概要**　　以下に，図 D.6 に示す 4 つのイミュニティ試験の概要を示します．（　）の中は規格名です．

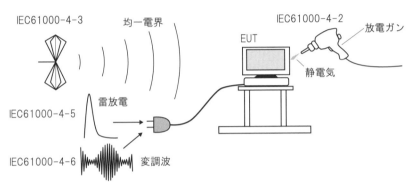

図 D.6　イミュニティ試験の種類とそのイメージ

- **静電気放電イミュニティ試験**（IEC61000-4-2）：人体に帯電された静電気によって，装置が誤動作しないことを検査する試験です．人体から放電される静電気を，放電ガンで模擬して放電して EUT の誤動作を検査します．静電気のパルス波形電圧は 2〜15 kV を与えます．
- **放射電磁界イミュニティ試験**（IEC61000-4-3）：近辺の無線通信機器や TV 放送設備などからの強力な電波を受けた場合に，装置が誤動作しないことを検査する試験です．試験方法については，このあとで詳しく解説します．
- サージイミュニティ試験（IEC61000-4-5）：雷放電が原因となって，電力線や電話線，その他の長いケーブルに雷サージが発生します．サージイミュニティ試験では，装置が雷サージによって誤動作しないことを検査します．雷サージを模擬した電圧を EUT に与えて検査します．
- RF 伝導妨害イミュニティ試験（IEC61000-4-6）：外部で発生したノイズがケーブルを伝わって電子機器に入り込んだ場合に，装置が誤動作しないことを検査する試験です．EUT の電源ケーブルに 15 kHz 〜80 MHz の振幅変調波[1]（1 kHz, 80 %）のノイズ信号を流して検査します．

**☑放射電磁界イミュニティ試験方法**　　**放射電磁界イミュニティ試験**では，放射妨害電磁波として強力な，変調された電磁波を EUT に与えます．EUT に電磁波を与える方法として逆 3 m 法と TEM セル法があります．

- **逆 3 m 法**：図 D.7 (a) のように，信号発生器に送信アンテナを接続し，空間に電磁界を発生させます．送信アンテナから 3 m 離れた場所に EUT をおき，装置の誤動作がないことを検査します．床面は電波吸収体をおき，床からの反射をなくして EUT に均一電界を与えるようにします．信号発生器で発生させる信号は，図 D.7 (b) の通りです．
- **TEM セル法**：図 D.8 のような放射電界試験を行うための装置です，EUT を TEM セル内におき，そこで強力な均一電磁界を与えます．TEM セルは比較的小スペースな場所に設置でき，周囲に妨害電界が漏れることなく試験できる利点がありますが，大きな装置は測定できません．

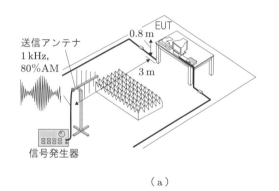

| 送信周波数 | 80 MHz～1 GHz |
|---|---|
| 変調 | 1 kHz, 80%AM |
| EUT に与える電界強度 | 住宅地域で使用する機器 1 V/m |
| | 無線装置付近で使用する機器 3～10 V/m |

(a) (b)

**図 D.7**　逆 3 m 法

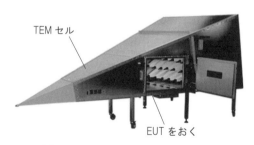

**図 D.8**　TEM セル法 [提供：AMETEC]

**D.6 測定器**

　ここでは，EMC 測定で使われるアンテナとスペクトラムアナライザについて説明します．

- EMC 測定で使うアンテナ：図 D.9 に，EMC 測定でよく使われるアンテナを示します．EMC 測定用アンテナは，アンテナ特性（アンテナ利得，アンテナファクタ，指向性）が明確になっている**標準アンテナ**を使います．測定アンテナには，広帯域で周波数に対してアンテナ利得が平坦なアンテナが適します．アンテナによって測定できる周波数範囲は異なり，ループアンテナは 10 kHz〜30 MHz，バイコニカルアンテナは 30〜300 MHz，ログペリアンテナは 300〜1000 MHz，ダブルリッジホーンアンテナは 1〜18 GHz 程度です．
- スペクトラムアナライザ（スペアナ）：図 D.10 は，**スペクトラムアナライザ**です．アンテナで受信した電波の電圧 [dBμV] や電力 [dBm] を周波数軸で測定します（p.147 付録 A.2）．アンテナ受信部の電界強度を求めるには，スペクトラムアナライザで測定した受信電圧にアンテナファクタ（p.179 付録 C.4）を足します．

（a）ループアンテナ
10 kHz 〜 30 MHz
［提供：ネクステム］

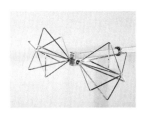

（b）バイコニカルアンテナ
30 〜 300 MHz

（c）ログペリアンテナ
300 〜 1000 MHz

（d）ダブルリッジホーンアンテナ
1 〜 18 GHz

図 D.9　EMC 測定で使うアンテナ

**図 D.10　スペクトラムアナライザ [提供：アンリツ]**

　サイトで行う試験には高額の使用料がかかるので，試験に不合格となって何度も
やり直すと，費用と時間をロスします．サイトで試験を行う前にセルフ試験を行い，
対策を事前に行っておくと，このようなロスを低減できます．

☑**エミッション試験**　　屋内で放射エミッション試験の測定を行うと測定値に誤差
が出る可能性があります．これは，受信波が周辺の壁や天井による反射波の影響を
受けるからです．そのため，図 D.2 の放射エミッション測定のセルフ試験は，次
のような環境で行います．

- 広い部屋：天井が高く付近に壁のない，体育館のような場所で測定します．
  EUT とアンテナは，壁や天井などの反射物から 3 m 以上離します．
- 屋外：駐車場などの周囲に反射物のない屋外で試験します．測定装置を動作
  させるための電源が必要です．外来波の影響を受けやすいので，EUT を試
  験する前に外来波の状況をあらかじめ測定しておきます．
- 実験室：測定値に少し誤差を含んでもかまわないのであれば，実験室や通常
  の屋内でも測定可能です．測定する際は，EUT とアンテナを壁や反射物か
  らなるべく離します．金属などの影響により，反射の起こりそうな場所には，
  電波吸収体をおきます．

　反射波の影響を受けにくくするためには，EUT とアンテナの距離を 1 m にして
測定します．距離 1 m で測定した電界強度を 3 m の電界強度に換算するには，1 m
で測定した値から 10 dB 引いた値にします（p.174 付録 C.1）．しかし，至近距離
での測定は，アンテナや EUT の大きさなどの影響により誤差が生じるため，換算
値より 6 dB 大きくすると実際の値に近くなります．

☑**イミュニティ試験**　　屋内でのイミュニティ試験は，TEM セルを使って行いま
す．TEM セルはシールドされているため，照射する強力な電界が漏れて周囲の機

器に影響を及ぼすことはありません.

　セルフ試験で測定した値が許容値を超えていた場合，ノイズ発生源をみつけてノイズ対策を行います．機器から放射するノイズ発生源をみつけるには，図 D.11 のようなプローブを用います．プローブには，**磁界プローブ**，**電界プローブ**があります.

図 D.11　磁界プローブと電界プローブ

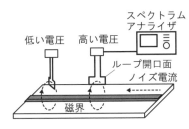

図 D.12　磁界プローブによる測定

☑**磁界プローブ**　　磁界プローブは，図 D.11 のように，給電線の先端がループになっており，微小ループアンテナとして動作します．図 D.12 のように，磁界プローブを使って検出したノイズをスペクトラムアナライザで測定します．プローブのループを回転させながら，装置周辺や内部基板上をプローブで走査して，磁界の強い場所（ノイズの発生源）をみつけます.

　微小ループに回路から発生したノイズ（磁界）が通ると電圧が発生し，それをスペクトラムアナライザで測定します．プローブを回転させるのは，プローブの向きによって感度が変わるためです．プローブのループ開口面が磁界と垂直のときに，もっとも感度が高くなります（図 D.12）.

　磁界プローブのループの直径は，大きいほど多くの磁界がループを通過するので感度がよく，小さなノイズをみつけることができます．一方，直径が小さいプローブは，感度は悪くなりますが，分解能がよくなるためノイズの発生源の場所を特定しやすくなります.

☑**電界プローブ**　　電界プローブは，図 D.11 のように，同軸線の中心線を少し伸ばした構造をしています．ノイズ源が電界のときは，電界プローブで調べたほうがノイズ源を発見しやすくなります.

参考文献

［1］設計のための基礎電子回路：辻正敏，森北出版，pp.85-88, 2017.

［2］Electromagnetic compatibility engineering, Henry W. Ott, Wiley, 2009.

［3］マイクロ波回路の基礎 / 設計 / 製作法：辻正敏，RF ワールド No.28, CQ 出版，pp.7-87，2015.

［4］J. L. Drewniak, M. Li, S. Redu, "An EMI Estimate for Shielding Enclosure Design", 電子情報通信学会，信学技報, EMD2001-14, 2001.

［5］W. Wallyn, D. De Zutter, E.Laermans, "Fast Shielding Effectiveness Prediction for Realistic Rectangular Enclosures", IEEE Trans. EMC, Vol.45, No.4, pp.639-643, 2003.

# 索 引

### 著 者 略 歴

辻　正敏　（つじ・まさとし）
　1986 年　愛知工業大学電子工学科卒業
　1991 年　アイコム株式会社入社
　1998 年　ローム株式会社入社
　1999 年　オプテックス株式会社入社
　2006 年　立命館大学大学院理工学研究科総合理工学専攻博士課程後期修了
　2007 年　高松工業高等専門学校講師
　2009 年　香川高等専門学校教授
　　　　　　現在に至る
　　　　　　博士（工学）

**業務実績**
- 企業での開発：マイクロ波センサ，レーダー探知機，無線通信機器，
　　　　　　　　集積回路など多数
- 共同研究：人工衛星 LiteBIRD（JAXA）の EMC 対策
　　　　　　人工衛星 KOSEN-1 のアンテナ開発
　　　　　　人工衛星 KOSEN-2 の八木アンテナ開発
- 研究分野：フェイズドアレーアンテナの給電回路
　　　　　　無線電力伝送
　　　　　　マイクロ波センサ

編集担当　二宮　惇（森北出版）
編集責任　藤原祐介・福島崇史（森北出版）
組　版　　ビーエイト
印　刷　　創栄図書印刷
製　本　　同

67 のトラブル事例で学ぶ　　　　　　　　　　　Ⓒ 辻　正敏　*2023*
EMC とノイズ対策

2023 年 5 月 31 日　第 1 版第 1 刷発行　　【本書の無断転載を禁ず】

著　者　辻　正敏
発 行 者　森北博巳
発 行 所　森北出版株式会社
　　　　　東京都千代田区富士見 1-4-11（〒 102-0071）
　　　　　電話 03-3265-8341／ FAX 03-3264-8709
　　　　　https://www.morikita.co.jp/
　　　　　日本書籍出版協会・自然科学書協会　会員
　　　　　**JCOPY** ＜（一社）出版者著作権管理機構　委託出版物＞

落丁・乱丁本はお取替えいたします.

**Printed in Japan ／ ISBN978-4-627-76151-3**